海岛生态评估系列报告

海岛生态指数和发展指数报告 （2019）

赵锦霞　张志卫　丰爱平　主编

海洋出版社

2022 年·北京

图书在版编目（CIP）数据

海岛生态指数和发展指数报告. 2019 ／ 赵锦霞，张志卫，
丰爱平主编. — 北京 ：海洋出版社，2022. 4

ISBN 978-7-5210-0680-3

Ⅰ.①海…　Ⅱ.①赵…②张…③丰…　Ⅲ.①岛-区域
生态环境-指数-研究报告-中国-2019 ②岛-区域经济发展-
指数-研究报告-中国-2019　Ⅳ.①X821.2 ②F127

中国版本图书馆 CIP 数据核字（2022）第 088810 号

审图号：GS 京（2022）0172 号

责任编辑：高朝君
责任印制：安　淼

海洋出版社 出版发行

http：∥www. oceanpress. com. cn

北京市海淀区大慧寺路 8 号　邮编：100081
鸿博昊天科技有限公司印刷
2022 年 4 月第 1 版　2022 年 9 月北京第 1 次印刷
开本：787 mm×1092 mm　1/16　印张：10. 5
字数：200 千字　定价：128. 00 元
发行部：010-62100090　邮购部：010-62100072
总编室：010-62100034　编辑室：010-62100038
海洋版图书印、装错误可随时退换

本书编委会

主　编：赵锦霞　张志卫　丰爱平

编　委（按姓氏音序排序）：

曹英志　陈　淳　郭连杰　姜德刚

李　晋　林河山　林　震　王　晶

王　娜　肖　兰　张琳婷　张新慧

前　言

　　在我国主张管辖的海域中，散布着大小万余个海岛，这些海岛不仅是众多物种栖息繁衍和迁徙中转的场所，也是我国经济社会发展的重要战略空间。随着海洋强国、生态文明等重大战略的部署和"一带一路"倡议的实施，如何提高海岛治理水平，在保障海岛生态系统健康的前提下，实现海岛地区蓝色增长，让海岛地区共享发展成果，成为当今及今后一段时期海岛保护与管理的核心任务目标。要实现这一任务目标，首先就要明确一个"标尺"，即海岛生态状况如何、海岛发展水平如何，以便不断改进管理和行动计划。因此，《全国海岛保护工作"十三五"规划》明确提出发布海岛生态指数和发展指数。海岛生态指数是衡量一定时期内某个海岛生态状态的综合评价指数，主要反映海岛生态环境、生态利用与生态管理的情况；海岛发展指数是衡量一定时期内某个海岛综合发展状况的评价指数，主要反映海岛经济发展、生态环境、社会民生、文化建设、社区治理总体发展水平。海岛指数的评价与发布，可以更好地让国内外公众了解我国海岛保护、发展成果及存在问题，引导加强海岛生态保护，促进各具特色的海岛生态化开发利用模式的探索和实践，为建立基于生态系统的海岛综合管理模式，提高海岛治理水平，实现海岛地区蓝色增长奠定基础。

　　2016 年，我们着手开展海岛生态指数和发展指数的相关研究工作，并确定了"方法研究—实例验证—常态化发布"的总体路线。在此背景下，2017 年由自然资源部第一海洋研究所、自然资源部海岛研究中心、国家海洋信息中心和国家海洋技术中心等单位共同编制完成并发布了 40 个海岛生态指数及 30 个海岛发展指数，并于 2019 年出版了《海岛生态指数和发展指数评价指标体系设计与验证》一书。相关指数的发布一方面验证了海岛生态指数和发展指数指标体系的科学性与可行性，具备了"标尺"功能；另一方面反映了海岛生态状况、发展水平及其差异，打开了公众了解我国部分海岛生态保护和发展状况的窗口。同时，我们也认为，持续开展海岛生态指数和发展指数年度评价等基础性工作，实时关注海岛生态与发展状况，有助于服务海岛决策与管理。为此，在自然资源部"两个统一"框架下，2018年以来，我们持续开展我国海岛生态指数和发展指数的跟踪评价，本书是2019年对100个海岛开展试点评价的成果。2019年的指数评价是在2017年、2018年海岛试点评价和方法验证的基础上，进一步进行理论研究、实地调研和广泛征求意见，完善海岛生态指数和发展指数评价指标体系和方法，仍是对海岛生态指数和发展指数评价体系的试点评价。

本书的基础数据源于地方填报、海岛遥感影像人工解译、海岛监视监测系统信息和统计调查、实地核实等，经后期资料梳理、统计、测算、分析，完成海岛生态指数评价和发展指数评价。本书主要由十一个章节构成：第一章为海岛生态指数和发展指数评价体系的基本介绍；第二章为2018年海岛保护与发展情况回顾和100个评价海岛概况；第三章为海岛生态指数评价结果与分析；第四章为海岛发展指数评价结果与分析；第五章至第十一章为沿海省（自治区、直辖市）典型海岛指数评价的专题报告。

本研究工作由自然资源部海岛研究中心牵头，自然资源部第一海洋研究所和国家海洋信息中心等单位共同参与完成。研究工作得到了自然资源部海域海岛管理司领导和同事们的大力支持，评价海岛所在省、市、县、乡镇的领导和同事在数据收集方面给予了巨大帮助，在此表示衷心的感谢。我们将积极跟踪海岛生态保护和发展的国内外进展，不断完善海岛生态指数和发展指数评价方法体系，真诚欢迎社会各界提出批评和建议，使有关指数成为国内外了解我国海岛保护与发展状况的窗口，成为引领海岛蓝色发展的标尺。

目 录

目
录

3

第一章

海岛生态指数和发展指数评价体系简介

海岛生态指数和发展指数评价体系的理论依据、总体思想、概念框架等内容在《海岛生态指数和发展指数评价指标体系设计与验证》一书中已有详细介绍，本章简要说明海岛生态指数和发展指数评价指标体系和计算方法。

第一节 海岛生态指数评价指标体系和计算方法

一、海岛生态指数评价指标体系

海岛生态指数是衡量一定时期内某个海岛生态状态的综合评价指数，包括海岛生态环境、生态利用和生态管理3个方面，共包含4个一级指标，9个二级指标，10个三级指标(表1.1-1)。通过生态指数评价，直观地反映海岛生态系统状态；通过对比不同年份生态指数，反映海岛生态系统变化情况和保护效果。

表 1.1-1 海岛生态指数评价指标体系

一级指标	二级指标	三级指标	指标编号	指标含义
生态环境	植被	植被覆盖率	A1	反映海岛植被资源和绿化水平
	岸线	自然岸线保有率	A2	反映海岛岸线保护与利用状况
	水质	海岛周边海域水质达标率	A3	反映海岛周边海水环境质量
生态利用	利用强度	岛陆建设用地面积比例	A4	反映海岛开发利用强度
	环境治理	污水处理率	A5	反映污水处理水平
		垃圾处理率	A6	反映垃圾处理水平
生态管理	规划管理	规划制定及实施情况	A7	反映海岛综合管理和保护力度

一级指标	二级指标	三级指标	指标编号	指标含义
其他指标	特色保护	珍稀濒危物种及栖息地、古树名木、自然和历史人文遗迹保护情况	A8	正向指标,反映海岛珍稀濒危物种及栖息地、古树名木、自然和历史人文遗迹的保护情况
	违法行为	存在违法用海、用岛行为	A9	负向指标,反映违法用岛活动对海岛生态环境的不良影响
	生态损害	发生污染、非法采捕、乱砍滥伐等生态损害事故	A10	负向指标,反映重大生态损害事件对海岛生态环境的不良影响

二、指标解释与数据来源

1. 植被覆盖率(A1)

植被覆盖率 = 植被覆盖面积/海岛总面积×100%

其中,植被覆盖面积不包括耕地面积。

数据来源:海岛四项基本要素监视监测、遥感影像解译。

2. 自然岸线保有率(A2)

自然岸线保有率 = 海岛自然岸线长度/海岛岸线总长度×100%

其中,自然岸线包括原生自然岸线和整治修复后具有自然海岸形态特征和生态功能的海岸线。

数据来源:海岛四项基本要素监视监测、遥感影像解译。

3. 海岛周边海域水质达标率(A3)

计算公式:海岛周边海域水质达标率A3=(第一类水质海域面积+第二类水质海域面积)/海岛周边海域总面积×100%

海岛周边海域取 3 km 范围内的海域面积。海域第一类、第二类水质为根据国家标准《海水水质标准》(GB 3097—1997)确定的水质标准。

数据来源:全国海洋生态环境监测和全国海岛生态环境监测数据资料。

4. 岛陆建设用地面积比例(A4)

计算公式:岛陆建设用地面积比例=120-岛陆建设用地面积/海岛总面积×100%

当海岛建设面积不超过海岛面积20%时,认为对海岛生态环境不产生极大影响。当计算结果大于 100 时,取 100。岛陆建设用地面积为按照国家标准《土地利用现状分类》(GB/T 21010—2017)划定的土地利用类型面积和。

数据来源：海岛四项基本要素监视监测、遥感影像解译。

5. 污水处理率（A5）

污水处理率 = 污水达标处理量/污水产生总量×100%

当评价海岛为没有任何开发利用活动的无居民海岛，污水产生量为 0 时，污水处理率按 100%计。

数据来源：海岛乡镇统计资料、海岛统计调查报表。

6. 垃圾处理率（A6）

垃圾处理率 = 垃圾无害化处理量/垃圾产生总量×100%

当评价海岛为没有任何开发利用活动的无居民海岛，垃圾产生量为 0 时，垃圾处理率按 100%计。

数据来源：海岛乡镇统计资料、海岛统计调查报表。

7. 规划制定及实施情况（A7）

海岛保护相关规划已经制定并实施，赋值 100；海岛保护相关规划正在编制或已编制，但待实施，赋值 50；其他赋值 0。

数据来源：海岛统计调查报表。

8. 珍稀濒危物种及栖息地、古树名木、自然和历史人文遗迹保护情况（A8）

本指标是反映海岛特色保护的正向指标，按照表 1.1-2 依据海岛情况赋值，不同指标内容分数进行累计，但赋值总计不超过 10。

数据来源：海岛乡镇统计资料、现场核实。

表 1.1-2 海岛生态指数"特色保护"指标赋值

指标内容	说　明	指标赋值
珍稀濒危物种及栖息地	是国家重点保护野生动植物栖息地的海岛，并且实施有效保护的	8
古树名木	设置古树名木标志或划定保护区域的	2
自然和历史人文遗迹保护	有省级以上文物保护单位或省级以上非物质文化遗产且保护有力的	5
	有其他典型的自然或历史人文遗迹，并且保护较好的	2

9. 存在违法用岛的活动（A9）

该指标为负向指标，每发生一项赋值 5，多项累计，但赋值总计不超过 10。

数据来源：海岛执法记录。

10. 发生污染、非法采捕等生态损害事故（A10）

该指标为负向指标，每发生一项赋值 5，多项累计，但赋值总计不超过 10。

数据来源：海岛执法记录。

三、评价方法

1. 海岛生态指数计算方法

海岛生态指数(IEI)计算公式如下：

$$IEI = \sum_{i=1}^{7} p_i A_i + \alpha - \beta$$

式中：A_i 是 A1～A7 的标准化指标值；p_i 是 A1～A7 对应的权重；α 是 A8 的指标值；β 是 A9、A10 的指标值之和。

2. 分级评价

根据海岛生态指数将海岛生态状态划分为 4 级，即优、良、中、差(表 1.1-3)。

表 1.1-3　海岛生态指数分级评价标准

级别	优	良	中	差
指数分级	$IEI \geqslant 80$	$80 > IEI \geqslant 65$	$65 > IEI \geqslant 50$	$IEI < 50$
描述	海岛生态状态好、稳定，海岛保护与管理效果好	海岛生态状态良好、较稳定，海岛保护与管理效果较好，但仍有上升空间	海岛生态状态中等、具有不稳定因素，海岛保护与管理有一定效果，但需加强	海岛生态状态较差、脆弱，亟须加强海岛保护与修复

3. 变化分级评价标准

对比不同时期海岛生态指数的差异，反映单个海岛生态状态的变化。将海岛生态指数的波动分为 3 级：有好转、无明显变化、有退化(表 1.1-4)。

表 1.1-4　海岛生态指数波动变化评价标准

级别	有好转	无明显变化	有退化
指数	$\Delta IEI \geqslant 3$	$3 > \Delta IEI \geqslant -3$	$\Delta IEI < -3$

第二节　海岛发展指数评价指标体系和计算方法

一、海岛发展指数评价指标体系

海岛发展指数是衡量一定时期内某个海岛综合发展状况的评价指数，主要反映海岛经济发展、生态环境、社会民生、文化教育、社区治理总体发展水平。海岛发展指数的指标体系包括通用指标、综合成效指标和负向指标。其中，通用指标包含 5 个一级指标，9 个二级指标，18 个三级指标，综合成效指标包括"海岛品牌创建""资源循环利用和可再生能源利用"等 4 个指标，负向指标包括"生态损害和安全事故" 1 个指标（表 1.2-1）。通过发展指数评价，直观地反映当年海岛发展状况，对比不同海岛发展指数，反映不同地区、不同海岛综合发展状况的差异。

表 1.2-1 海岛发展指数评价指标体系

指标体系	一级指标	二级指标	三级指标	指标代码	指标含义
通用指标	经济发展	经济实力	单位面积财政收入	D1	反映海岛经济、产业发展水平
			居民人均可支配收入	D2	反映海岛居民收入水平
	生态环境	环境支撑	植被覆盖率	D3	反映海岛植被资源和绿化水平
			自然岸线保有率	D4	反映海岛岸线保护与利用情况
		环境压力	岛陆建设用地面积比例	D5	反映海岛开发利用强度
		环境质量	海岛周边海域水质达标率	D6	反映海岛周边海域水质质量
			污水处理率	D7	反映海岛环境保护情况
			垃圾处理率	D8	
	社会民生	基础设施条件	基础设施完备状况	D9	反映海岛的基础保障能力
			防灾减灾设施	D10	反映海岛防灾减灾能力
			对外交通条件	D11	反映海岛对外交通条件的便利程度
		公共服务能力	每千名常住人口公共卫生人员数	D12	反映海岛医疗卫生保障水平
			社会保障情况	D13	反映海岛居民享受医疗、养老、就业等社会保障情况
	文化建设	教育水平	教育设施情况	D14	反映海岛文化教育程度
		文化建设水平	人均拥有公共文化体育设施面积	D15	反映海岛文体建设水平
	社区治理	管理水平	规划管理	D16	反映海岛综合管理和保护力度
			村规民约建设	D17	反映海岛社会民主自治情况
			警务机构和社会治安满意度	D18	反映海岛治安管理能力和效果

指标体系	一级指标	二级指标	三级指标	指标代码	指标含义
综合成效指标			珍稀濒危物种及栖息地、古树名木保护	D19	正向指标，反映海岛珍稀物种保护情况
			海岛品牌建设		正向指标，反映海岛产业竞争力水平
			资源循环利用和可再生能源利用		正向指标，反映海岛绿色发展实效
			自然和历史人文遗迹保护		正向指标，反映海岛自然环境和文化遗产保护情况
负指标	生态损害和安全事故		发生刑事案件、重大污染事故、生态损害事故、安全事故等	D20	负向指标，反映发生刑事案件、重大污染事故、生态损害事故、安全事故等不良影响

二、指标解释与数据来源

1. 单位面积财政收入（D1）

当 $\frac{k}{s} \leq m$ 时，单位面积财政收入指标值 $D1 = \frac{k}{sm} \times 60$；

当 $\frac{k}{s} > m$ 时，单位面积财政收入指标值 $D1 = \left[\left(\frac{k}{s} - m \right) \Big/ \left(\frac{k}{s} \right)_{max} - m \right] \times 40 + 60$。

式中：k 是海岛地方财政收入；s 是海岛面积；m 是本年全国沿海省（自治区、直辖市）单位面积地方财政收入。

财政收入单位为万元，海岛面积单位为 hm^2。

数据来源：海岛乡镇统计资料、海岛统计调查报表。

2. 居民人均可支配收入（D2）

当 $q \leq n$ 时，居民人均可支配收入指标值 $D2 = \frac{q}{n} \times 60$；

当 $q > n$ 时，居民人均可支配收入指标值 $D2 = \left[(q-n) \big/ (q_{max} - n) \right] \times 40 + 60$。

式中：q 是海岛居民人均可支配收入；n 是本年全国沿海省（自治区、直辖市）居民人均可支配收入。

数据来源：海岛乡镇统计资料、海岛统计调查报表。

3. 植被覆盖率（D3）

计算公式：植被覆盖率=植被覆盖面积/海岛总面积×100%

式中，植被覆盖面积不包括耕地面积。

数据来源：海岛四项基本要素监视监测、遥感影像解译。

4. 自然岸线保有率（D4）

计算公式：自然岸线保有率=海岛自然岸线长度/海岛岸线总长度×100%

数据来源：海岛四项基本要素监视监测、遥感影像解译或现场核实。

5. 岛陆建设用地面积比例（D5）

计算公式：岛陆建设用地面积指标值=120-岛陆建设面积/海岛总面积×100%

当海岛建设面积不超过海岛面积20%时，认为对海岛生态环境不产生极大影响。岛陆建设用地面积为按照国家标准《土地利用现状分类》（GB/T 21010—2017）划定的土地利用类型面积和。

当计算结果大于100时，该指标值取100。

数据来源：海岛四项基本要素监视监测、遥感影像解译。

6. 海岛周边海域水质达标率（D6）

计算公式：海岛周边海域水质达标率=海岛周边海域达到或优于国家第二类海水水质标准的面积/海岛周边海域总面积×100%

海岛周边海域指的是海岛四周3 km范围内的海域。海域第二类水质及以上面积为符合国家标准《海水水质标准》（GB 3097—1997）确定的第一类和第二类水质标准的海域面积和。

数据来源：全国海洋生态环境监测和全国海岛生态环境监测数据资料。

7. 污水处理率（D7）

计算公式：海岛污水处理率=海岛污水达标处理量/污水产生总量×100%

数据来源：海岛乡镇统计资料、海岛统计调查报表。

8. 垃圾处理率（D8）

计算公式：海岛垃圾处理率=海岛垃圾无害化处理量/垃圾产生总量×100%

数据来源：海岛乡镇统计资料、海岛统计调查报表。

9. 基础设施完备状况（D9）

根据表1.2-2对海岛供水、供电、通信情况赋值，所得平均值作为D9指标值。

表 1.2-2　基础设施完备情况赋值

供水	供电	通信	指标赋值
集中无限时供水	集中无限时供电	3G/4G 信号，各运营商全覆盖	100
分散无限时供水或集中限时供水	分散无限时供电	3G/4G 信号，部分运营商覆盖	80
分散限时供水	限时供电	2G 信号覆盖	60
无供水	无电	一般通信不覆盖	0

指标计算示例：若某海岛存在"分散无限时供水或集中限时供水""集中无限时供电""3G/4G 信号，部分运营商覆盖"，则基础设施完备状况指标值为（80+100+80）/3 = 86.67。

数据来源：海岛乡镇统计资料、海岛统计调查报表。

10. 防灾减灾设施（D10）

防潮堤长度覆盖了中心城区面临的岸线范围，以中心城区防潮堤工程建设标准等级反映防灾减灾能力，根据表 1.2-3 采用赋值法计算。

表 1.2-3　防灾减灾设施指标赋值

防潮堤工程状况	指标赋值
防潮堤长度覆盖了中心城区面临的岸线范围，防潮等级在 50 年一遇标准或以上	100
防潮堤长度覆盖了中心城区面临的岸线范围，防潮等级在 20 年一遇标准或以上	85
防潮堤长度覆盖了中心城区面临的岸线范围，其他类型海堤	70
无海堤	60

如同一个海岛在不同岸段有不同等级的防潮堤工程，按不同标准赋值后所得平均值计算。

11. 对外交通条件（D11）

陆岛交通码头、桥隧等交通设施保障公共交通的能力，根据表 1.2-4 采取赋值法计算。

表 1.2-4　对外交通条件指标赋值

单日陆岛公共交通能力	指标赋值
大于等于单日海岛最大出行人次需求，且不受潮汐影响	100
大于等于单日海岛最大出行人次需求，但受潮汐影响	85

单日陆岛公共交通能力	指标赋值
小于单日海岛最大出行人次需求，且不受潮汐影响	75
小于单日海岛最大出行人次需求，同时受潮汐影响	60
无陆岛公共交通	0

桥隧公共交通运力＝公交车辆单日班次×单车运力

码头公共交通运力＝公共班船单日班次×单船运力

单日海岛最大出行人次需求可用海岛常住人口数的 20% 来表征。

单日陆岛公共交通能力为所有公共交通方式的运力和。单车运力或单船运力指单车或单船最大客运量。

数据来源：海岛乡镇统计资料、海岛统计调查报表和现场核实。

12. 每千名常住人口公共卫生人员数（D12）

计算公式：每千名常住人口公共卫生人员数指标值＝海岛每千名常住人口公共卫生人员数/本年全国每千名常住人口公共卫生人员数×100

当计算结果大于 100 时，该指标分值取 100。

数据来源：海岛乡镇统计资料、海岛统计调查报表和现场核实。

13. 社会保障情况（D13）

计算公式：社会保障情况指标值＝（养老保险覆盖率＋医疗保险覆盖率）/2×100 或农村社保卡三合一覆盖率×100

数据来源：海岛乡镇统计资料、海岛统计调查报表。

14. 教育设施情况（D14）

采取赋值法计算。

按照《城市居住区规划设计规范》[GB 50180—93（2002 年版）] 中的要求，人口为 10 000~15 000 人规模的居住区必须设小学，人口为 30 000~50 000 人规模的居住区必须设中学。海岛教育设施情况达到此标准的，赋值 100，未达标赋值 0。人数低于 10 000 人，可不设小学，赋值 100。

数据来源：海岛乡镇统计资料、海岛统计调查报表。

15. 人均拥有公共文化体育设施面积（D15）

计算公式：人均拥有公共文化体育设施面积指标值＝海岛拥有公共文化体育设施面积/户籍人口/本年全国人均拥有公共文化体育设施面积×100

当计算结果大于 100 时，该指标赋值 100。

数据来源：海岛乡镇统计资料、海岛统计调查报表。

16. 规划管理(D16)

海岛保护相关规划已经制定并实施，赋值 100；海岛保护相关规划正在编制或已编制但待实施，赋值 50；其他赋值 0。

数据来源：海岛乡镇统计资料、海岛统计调查报表或现场核实。

17. 村规民约建设(D17)

根据表 1.2-5，采取赋值法计算。

表 1.2-5　村规民约建设指标赋值

评价内容	指标赋值
村规民约覆盖所有行政村	100
村规民约覆盖大于 50% 的行政村	80
村规民约覆盖 20%~50% 的行政村	50
村规民约覆盖小于 20% 的行政村	0

数据来源：海岛乡镇统计资料、海岛统计调查报表。

18. 警务机构和社会治安满意度(D18)

计算公式：警务机构和社会治安满意度指标值 = 结案数/立案数×50+P/2

当评价海岛设有警务机构，$P = 100$；无警务机构，$P = 50$。

数据来源：海岛乡镇统计资料、海岛统计调查报表。

19. 综合成效指标(D19)

采取赋值法，当评价海岛涉及表 1.2-6 所列的发展特色内容时，逐项累加计算得出海岛发展特色指标值。

表 1.2-6　海岛发展指数综合成效指标赋值

指标	内容	指标赋值
海岛品牌建设	获得省级以上荣誉称号，如国家 AAA 级以上旅游景区、省级文明乡镇(村)、省级及以上工业园区、"和美海岛""生态岛礁"等	具有 3 项以上，赋值 10；1~3 项，赋值 5
资源循环利用和可再生能源利用	海岛利用海洋能、太阳能等新能源促进海岛发展，或具有中水回用、循环经济的海岛	利用可再生能源或资源循环利用 2 项以上，赋值 2；1 项，赋值 1

指标	内容	指标赋值
珍稀濒危物种及栖息地、古树名木保护	是国家重点保护野生动植物栖息地的海岛，并且实施有效保护	赋值 3
	设置古树名木标志或划定保护区域	赋值 1
自然和历史人文遗迹保护	有省级以上文物保护单位或省级及以上非物质文化遗产，且保护有力	赋值 3
	其他典型的自然或历史人文遗迹，并且保护较好	赋值 1

数据来源：海岛乡镇统计资料、海岛统计调查报表和现场核实。

20. 生态损害和安全事故指标值（D20）

海岛当年发生重大污染事故、生态损害事故、安全事故等，每项赋值减 10，多项累计。

数据来源：海岛执法记录。

三、评价方法

海岛发展指数（IDI）计算公式：

$$IDI = \sum_{i=1}^{18} p_i D_i + \alpha - \beta$$

式中：IDI 是评价年海岛发展指数；p_i 是三级评价指标的权重（p_1，p_2，p_3……p_{18}分别对应三级指标 D_1，D_2，D_3……D_{18}的权重）；D_i 是三级评价指标标准化值；α 是综合成效指标值之和，即 D19 指标得分；β 是负向指标值之和，即 D20 指标得分。

计算某一年度一组海岛的发展指数，利用计算出来的指数分，对海岛发展指数进行排序比较，反映该年度海岛发展状况及岛间差异。单岛海岛发展指数针对分指标（一级指标）进行评价，即比较一级指标之间的指数分，识别海岛发展的薄弱点和发展成效突出亮点。

第二章
评价海岛基本情况

第一节　2018 年我国海岛保护与利用基本情况

我国共有海岛 1.1 万个，海岛总面积约占我国陆地面积的 0.8%。海岛生态保护与利用是海岛管理的主体工作。

2018 年，在习近平新时代中国特色社会主义思想指导下，按照党和国家机构改革的总体要求，海岛主管部门由原国家海洋局政策法制与岛屿权益司变为新组建的自然资源部海域海岛管理司，新部门牢固树立"绿水青山就是金山银山"的理念，继续努力推进海岛资源和生态保护等各项工作。

海岛管理体系制度进一步完善，海岛监管能力显著提高。2018 年，国务院印发的《国务院关于加强滨海湿地保护严格管控围填海的通知》明确，除国家重大战略项目外，全面停止新增围填海项目审批，在严格管控围填海的同时，妥善处理历史遗留问题。开展无居民海岛数量变化、岸线变化、开发利用变化和植被覆盖情况等重点反映海岛生态状况的指标监测，开展我国无居民海岛多手段大面积监测（不含香港、澳门和台湾地区）。监测显示，我国无居民海岛自然岸线保有率达 94%，平均植被覆盖率达 53%。

海岛生态保护与修复持续开展，保护效果显现。深入推进海岛整治修复工作，"蓝色海湾""南红北柳""生态岛礁"等一系列重大工程稳步开展。截至 2018 年年末，中央财政支持实施海岛保护类项目共计 138 个，累计投入资金约 57 亿元，共计修复岸线约 74 km、整治沙滩约 200 万 m^3、修复植被约 300 万 m^2、修建道路约 17 km 等，有效地促进了海岛地区基础设施建设和人居环境改善。如大连长兴岛岸线生态修复工程、浙江玉环岛海岸线整治修复工程、浙江大洋山西侧岸线整治修复工程、广西长榄岛景观绿化工程等项目，修复了海岛生态环境，显著地改善了海岛基础设施和生态环境状况。

海岛开发利用有序，海岛价值继续显现。2018 年，原国家海洋局发布《关于海域、无居民海岛有偿使用的意见》，自然资源部发布《无居民海岛开发利用测量规范》，财政部、国家海洋局发布《关于印发调整海域无居民海岛使用金征收标准〉的通知》（财综

〔2018〕15号），对无居民海岛使用权出让实行最低标准限制制度，要求综合评价用岛需求和无居民海岛使用权价值、生态环境损害成本、社会承受能力等因素的变化，建立价格监测评价机制，对无居民海岛使用金征收标准进行动态调整。

第二节　评价海岛基本情况

按照区域基本覆盖、海岛开发类型基本覆盖、海岛生态系统类型基本覆盖的原则，选取我国100个海岛开展2018年生态指数和发展指数评价（表2.2-1）。100个海岛中包括有居民海岛80个，无居民海岛20个，其中23个有居民海岛已于2017年完成首次评价。评价海岛总面积为3 591.7 km²，常住总人口数为288.9万人。从区域分布来看（图2.2-1），辽宁省海岛8个、河北省1个、山东省8个、江苏省1个、上海市4个、浙江省35个、福建省22个、广东省17个、广西壮族自治区1个、海南省3个。从海区分布来看，渤海11个、黄海7个、东海61个、南海21个。从海岛主导开发利用类型来看，渔业型海岛56个、旅游型海岛18个、农业型海岛3个、工业型海岛10个、保护区海岛13个。从物质类型来看，基岩类海岛90个、沙泥岛10个。

表2.2-1　海岛生态指数和发展指数实例评价海岛概况

序号	海岛名称	行政隶属	海岛类型1	海岛类型2	主要发展产业
1	大鹿岛	辽宁丹东	基岩岛	有居民海岛	旅游
2	簸箕岛	辽宁大连	基岩岛	有居民海岛	渔业
3	大耗岛	辽宁大连	基岩岛	有居民海岛	渔业
4	小耗岛	辽宁大连	基岩岛	有居民海岛	渔业
5	东蚂蚁岛	辽宁大连	基岩岛	无居民海岛	保护区
6	广鹿岛	辽宁大连	基岩岛	有居民海岛	旅游
7	獐子岛	辽宁大连	基岩岛	有居民海岛	渔业
8	大笔架山	辽宁锦州	基岩岛	无居民海岛	保护区
9	月岛	河北唐山	沙泥岛	无居民海岛	旅游
10	脊岭子岛	山东滨州	沙泥岛	无居民海岛	渔业
11	南砣子岛	山东烟台	基岩岛	无居民海岛	渔业
12	挡浪岛	山东烟台	基岩岛	无居民海岛	旅游
13	大竹山岛	山东烟台	基岩岛	无居民海岛	渔业
14	猴矶岛	山东烟台	基岩岛	无居民海岛	渔业
15	庙岛	山东烟台	基岩岛	有居民海岛	渔业
16	北长山岛	山东烟台	基岩岛	有居民海岛	旅游
17	海驴岛	山东威海	基岩岛	无居民海岛	保护区
18	连岛	江苏连云港	基岩岛	有居民海岛	旅游

序号	海岛名称	行政隶属	海岛类型 1	海岛类型 2	主要发展产业
19	崇明岛	上海市	沙泥岛	有居民海岛	工业
20	长兴岛	上海崇明	沙泥岛	有居民海岛	工业
21	九段沙	上海市	沙泥岛	无居民海岛	保护区
22	大金山岛	上海市	沙泥岛	无居民海岛	保护区
23	枸杞岛	浙江舟山	基岩岛	有居民海岛	旅游
24	花鸟山岛	浙江舟山	基岩岛	有居民海岛	旅游
25	白沙山岛	浙江舟山	基岩岛	有居民海岛	旅游
26	六横岛	浙江舟山	基岩岛	有居民海岛	工业
27	桃花岛	浙江舟山	基岩岛	有居民海岛	旅游
28	求子山岛	浙江舟山	基岩岛	无居民海岛	保护区
29	大五峙岛	浙江舟山	基岩岛	无居民海岛	保护区
30	岱山岛	浙江舟山	基岩岛	有居民海岛	工业
31	长峙岛	浙江舟山	基岩岛	有居民海岛	渔业
32	盘峙岛	浙江舟山	基岩岛	有居民海岛	渔业
33	大鹏山岛	浙江舟山	基岩岛	有居民海岛	农业
34	黄兴岛	浙江舟山	基岩岛	有居民海岛	渔业
35	青浜岛	浙江舟山	基岩岛	有居民海岛	渔业
36	江南山岛	浙江舟山	基岩岛	有居民海岛	渔业
37	鼠浪湖岛	浙江舟山	基岩岛	有居民海岛	渔业
38	小衢山岛	浙江舟山	基岩岛	有居民海岛	工业
39	西绿华岛	浙江舟山	基岩岛	有居民海岛	渔业
40	金鸡山岛	浙江舟山	基岩岛	有居民海岛	渔业
41	小洋山岛	浙江舟山	基岩岛	有居民海岛	渔业
42	梅山岛	浙江宁波	基岩岛	有居民海岛	工业
43	南田岛	浙江宁波	基岩岛	有居民海岛	渔业
44	花岙岛	浙江宁波	基岩岛	有居民海岛	渔业
45	檀头山岛	浙江宁波	基岩岛	有居民海岛	渔业
46	下大陈岛	浙江台州	基岩岛	有居民海岛	渔业
47	竹峙岛	浙江台州	基岩岛	无居民海岛	保护区
48	玉环岛	浙江台州	基岩岛	有居民海岛	工业
49	黄礁岛	浙江台州	基岩岛	有居民海岛	渔业
50	大横床岛	浙江台州	基岩岛	有居民海岛	渔业

序号	海岛名称	行政隶属	海岛类型1	海岛类型2	主要发展产业
51	横门山	浙江台州	基岩岛	有居民海岛	渔业
52	隔海山岛	浙江台州	基岩岛	有居民海岛	工业
53	鹿西岛	浙江温州	基岩岛	有居民海岛	渔业
54	柴崎岛	浙江温州	基岩岛	无居民海岛	保护区
55	南麂岛	浙江温州	基岩岛	有居民海岛	渔业
56	北麂岛	浙江温州	基岩岛	有居民海岛	渔业
57	西门岛	浙江温州	基岩岛	有居民海岛	旅游
58	壶江岛	福建福州	基岩岛	有居民海岛	渔业
59	下屿	福建福州	基岩岛	有居民海岛	渔业
60	海坛岛	福建福州	基岩岛	有居民海岛	渔业
61	琅岐岛	福建福州	基岩岛	有居民海岛	渔业
62	南日岛	福建莆田	基岩岛	有居民海岛	渔业
63	湄洲岛	福建莆田	基岩岛	有居民海岛	旅游
64	东筶杯岛	福建莆田	基岩岛	有居民海岛	渔业
65	黄瓜岛	福建莆田	基岩岛	有居民海岛	渔业
66	小日岛	福建莆田	基岩岛	有居民海岛	工业
67	东山岛	福建漳州	基岩岛	有居民海岛	渔业
68	玉枕洲	福建漳州	沙泥岛	有居民海岛	渔业
69	海门岛	福建漳州	基岩岛	有居民海岛	渔业
70	城洲岛	福建漳州	基岩岛	无居民海岛	保护区
71	大涂洲	福建漳州	沙泥岛	无居民海岛	保护区
72	青山岛	福建宁德	基岩岛	有居民海岛	渔业
73	云淡门岛	福建宁德	基岩岛	有居民海岛	渔业
74	竹江岛	福建宁德	基岩岛	有居民海岛	渔业
75	文岐岛	福建宁德	基岩岛	有居民海岛	渔业
76	东安岛	福建宁德	基岩岛	有居民海岛	渔业
77	浮鹰岛	福建宁德	基岩岛	有居民海岛	渔业
78	大嵛山	福建宁德	基岩岛	有居民海岛	旅游
79	鸳鸯岛	福建宁德	基岩岛	无居民海岛	保护区
80	海鸥岛	广东广州	基岩岛	有居民海岛	渔业
81	淇澳岛	广东珠海	基岩岛	有居民海岛	渔业
82	担杆岛	广东珠海	基岩岛	有居民海岛	渔业

序号	海岛名称	行政隶属	海岛类型1	海岛类型2	主要发展产业
83	东澳岛	广东珠海	基岩岛	有居民海岛	旅游
84	大万山岛	广东珠海	基岩岛	有居民海岛	旅游
85	桂山岛	广东珠海	基岩岛	有居民海岛	旅游
86	黄茅洲	广东珠海	基岩岛	无居民海岛	旅游
87	上川岛	广东江门	基岩岛	有居民海岛	渔业
88	下川岛	广东江门	基岩岛	有居民海岛	渔业
89	横门岛	广东中山	基岩岛	有居民海岛	农业
90	汛洲岛	广东潮州	基岩岛	有居民海岛	渔业
91	南澳岛	广东汕头	基岩岛	有居民海岛	渔业
92	达濠岛	广东汕头	基岩岛	有居民海岛	工业
93	许洲	广东惠州	基岩岛	无居民海岛	保护区
94	施公寮岛	广东汕尾	基岩岛	有居民海岛	渔业
95	东海岛	广东湛江	基岩岛	有居民海岛	工业
96	特呈岛	广东湛江	沙泥岛	有居民海岛	渔业
97	沙井岛	广西钦州	基岩岛	有居民海岛	渔业
98	海头岛	海南儋州	基岩岛	有居民海岛	农业
99	西瑁洲	海南三亚	基岩岛	有居民海岛	旅游
100	北港岛	海南海口	沙泥岛	有居民海岛	渔业

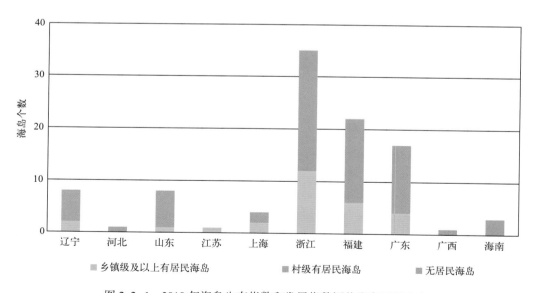

图 2.2-1　2018 年海岛生态指数和发展指数评价海岛区域分布

一、面积与人口

在评价的 100 个海岛中，超过 100 km² 的海岛有 10 个（图 2.2-2），面积小于 10 km² 的海岛占 69.0%（图 2.2-3）。位于上海市的崇明岛是我国的第三大岛，面积为 1 130.2 km²；位于辽宁省的无居民海岛大笔架山面积最小，为 0.053 km²。

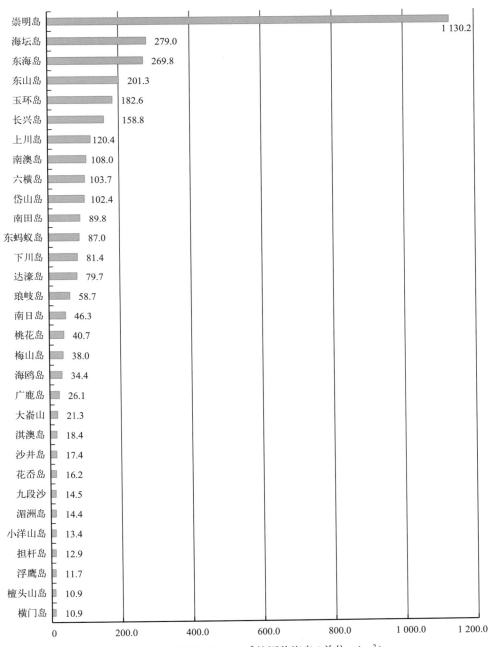

图 2.2-2　面积大于 10 km² 的评价海岛（单位：km²）

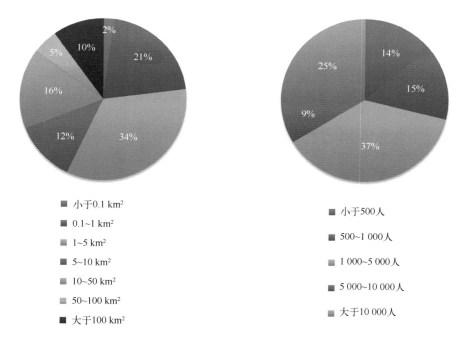

图 2.2-3　2018 年海岛生态指数和发展指数评价海岛面积(左)和常住人口(右)分布

在 80 个有居民海岛中，66.3% 的有居民海岛常住人口不足 5 000 人(图 2.2-3)，大多数海岛人口规模较小。其中，人口不足 1 000 人的海岛占 28.8%；上海的崇明岛常住人口最多，2018 年年末常住人口为 54.0 万人，其次是福建的海坛岛、浙江的玉环岛及广东的达濠岛。20 个无居民海岛中有 13 个保护区海岛无开发利用活动，也无常住人口。

从人口密度来看，福建的竹江岛人口最为密集，其次是福建的黄瓜岛和下屿。有 42 个海岛的人口密度高于沿海省(自治区、直辖市)的人口密度(478.7 人/km²)。

二、经济发展

评价的 28 个乡镇级有居民海岛中，27 个乡镇级以上有居民海岛有一般性财政收入。对这 27 个海岛的一般性财政收入进行分析(图 2.2-4)，其中，地方一般财政预算收入小于 1 亿元的海岛占 50%；从单位面积财政收入来看，大于沿海省(自治区、直辖市)单位面积财政收入(426.2 万元/km²)的海岛 21 个；从人均财政收入来看，22 个海岛超过当年沿海省(直辖市、自治区)单位人口财政收入(6 224.7 元/人)，人均财政收入普遍较高。

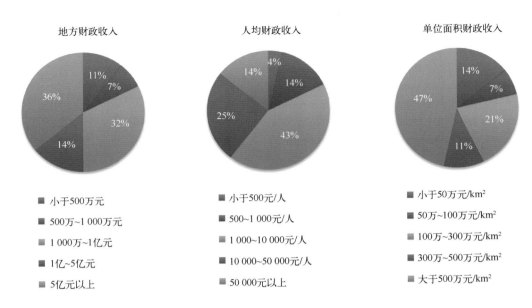

地方财政收入	人均财政收入	单位面积财政收入
■ 小于500万元	■ 小于500元/人	■ 小于50万元/km²
■ 500万~1 000万元	■ 500~1 000元/人	■ 50万~100万元/km²
■ 1 000万~1亿元	■ 1 000~10 000元/人	■ 100万~300万元/km²
■ 1亿~5亿元	■ 10 000~50 000元/人	■ 300万~500万元/km²
■ 5亿元以上	■ 50 000元以上	■ 大于500万元/km²

图 2.2-4　乡镇级及以上评价海岛 2018 年地方一般财政收入情况

从海岛的主导开发利用类型来看(图 2.2-5),2018 年评价海岛仍以渔业型海岛为主,占比 56%,其次为旅游型海岛和保护区海岛,占比分别为 18%和 13%;就无居民海岛而言,保护区海岛的占比最高,为 65%。

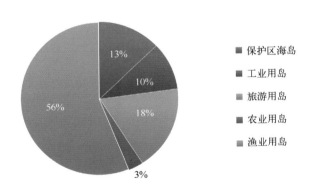

图 2.2-5　2018 年评价海岛主导开发利用类型

80 个有居民海岛的平均人均可支配收入为 24 711.1 元,人均可支配收入最高的海岛是浙江的玉环岛,为 66 027 元,其次是白沙山岛、淇澳岛(村级海岛)和梅山岛(图 2.2-6),12 个海岛居民人均可支配收入达到或高于沿海省(自治区、直辖市)居民人均可支配收入(33 506.1 元)。

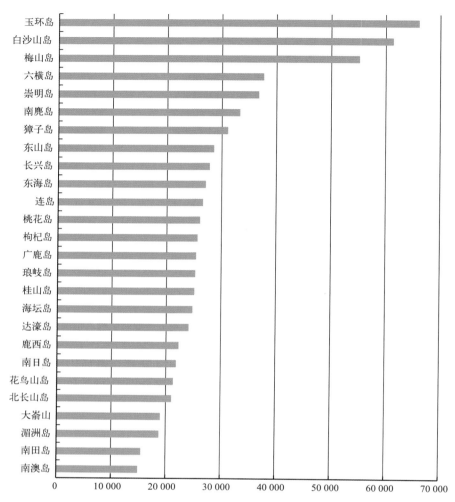

图 2.2-6　乡镇级及以上评价海岛 2018 年居民人均可支配收入(单位：元)

三、生态环境

对 100 个海岛的生态环境状况进行分析，结果如图 2.2-7 和图 2.2-8(只包括乡镇级及以上评价海岛)所示。2018 年，评价海岛大多以自然岸线为主，自然岸线保有率平均值为 68.7%，15 个海岛全为自然岸线，广东的海鸥岛和海南的北港岛则都是人工岸线。评价海岛植被覆盖率平均值为 61.2%，最高的是浙江的竹峙岛和求子山岛，植被覆盖率均为 100%，其次是浙江的柴峙岛、山东的脊岭子岛和浙江的檀头山岛，植被覆盖率超过 60% 的海岛占 56%，福建的玉枕洲和广东的海鸥岛没有自然植被覆盖。评价海岛岛陆建设用地面积比例平均值为 22%，岛陆建设用地面积比例小于 20% 的海岛占 49%，浙江江南山岛的岛陆建设用地面积比例最高，为 92.1%。

自然岸线保有率

4%
6%
12%
11%
20%
47%

■ 0%~5%   ■ 5%~20%
■ 20%~40% ■ 40%~60%
■ 60%~80% ■ 大于80%

植被覆盖率

3% 6%
17%
18%
24%
32%

■ 0%~5%   ■ 5%~20%
■ 20%~40% ■ 40%~60%
■ 60%~80% ■ 大于80%

岛陆建设用地面积比例

1%
4%
11%
25%
24%
35%

■ 0%~5%   ■ 5%~20%
■ 20%~40% ■ 40%~60%
■ 60%~80% ■ 大于80%

图 2.2-7　评价海岛 2018 年自然岸线保有率、植被覆盖率、开发利用率情况

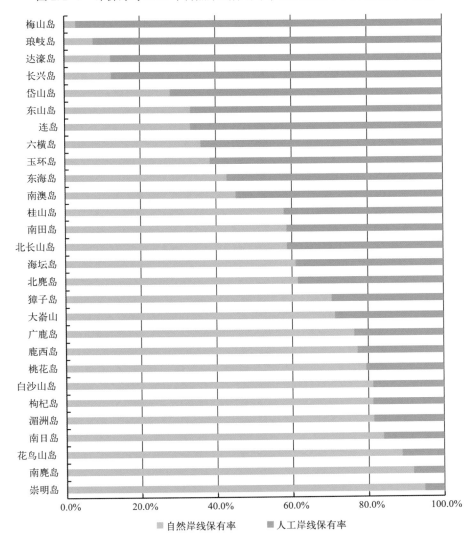

图 2.2-8　乡镇级及以上评价海岛 2018 年海岸线情况

评价海岛平均污水处理率为 50%，平均垃圾处理率为 90%，29% 的海岛实现 100% 污水达标处理，75% 的海岛实现 100% 垃圾处理。

四、社会保障

评价的有居民海岛平均每千名常住人口公共卫生人员数为 3.4 人，小于沿海省（自治区、直辖市）每千名常住人口公共卫生人员数，仅有 11 个海岛的每千名常住人口公共卫生人员数达到沿海省（自治区、直辖市）水平。按照《城市居住区规划设计规范（2002 年版）》规定的人口为 10 000 ~ 15 000 人规模的居住区必须设小学，人口为 30 000 ~ 50 000 人规模的居住区必须设中学的要求，评价海岛学校设置均符合规范，建设有必要的小学和初级中学。评价海岛人均拥有公共文化体育设施面积的平均值为 35.3 m²/人，27 个海岛高于全国平均水平（1.4 m²/人），评价海岛平均社会养老保险覆盖率为 87%，平均医疗保险覆盖率为 94%。

第三章

海岛生态指数评价结果与分析

第一节　海岛生态指数评价结果

对 100 个海岛进行生态指数测算的结果见表 3.1–1。海岛生态指数得分大于或等于 80，生态状况优的海岛有 33 个，占 33.0%；海岛生态指数得分为 65～80，生态状况良的海岛有 35 个，占 35.0%；海岛生态指数得分为 50～65，生态状况一般（即评价结果为"中"）的海岛有 22 个，占 22.0%；海岛生态指数得分小于 50，生态状况差的海岛有 10 个，占 10.0%。福建的城洲岛海岛生态指数最高，为 107.1；广东的许洲、辽宁的东蚂蚁岛、浙江的花鸟山岛和上海的九段沙等海岛的生态状况为优。

表 3.1–1　2018 年海岛生态指数评价结果

序号	行政隶属	海岛名称	生态指数	评价结果	序号	行政隶属	海岛名称	生态指数	评价结果
1	辽宁	簸箕岛	49.8	差	17	山东	北长山岛	85.2	优
2	辽宁	大耗岛	75.3	良	18	江苏	连岛	72.4	良
3	辽宁	小耗岛	71.0	良	19	上海	崇明岛	79.3	良
4	辽宁	大鹿岛	75.9	良	20	上海	九段沙	95.3	优
5	辽宁	东蚂蚁岛	96.3	优	21	上海	大金山岛	71.4	良
6	辽宁	大笔架山	61.6	中	22	上海	长兴岛	69.1	良
7	辽宁	广鹿岛	85.8	优	23	浙江	岱山岛	65.1	良
8	辽宁	獐子岛	85.8	优	24	浙江	玉环岛	76.5	良
9	河北	月岛	83.7	优	25	浙江	檀头山岛	68.2	良
10	山东	庙岛	66.1	良	26	浙江	南麂岛	83.6	优
11	山东	南砣子岛	81.1	优	27	浙江	北麂岛	71.9	良
12	山东	挡浪岛	87.9	优	28	浙江	西门岛	55.9	中
13	山东	大竹山岛	92.8	优	29	浙江	长峙岛	29.5	差
14	山东	猴矶岛	85.3	优	30	浙江	盘峙岛	45.6	差
15	山东	脊岭子岛	81.7	优	31	浙江	大鹏山岛	58.0	中
16	山东	海驴岛	86.1	优	32	浙江	黄兴岛	50.6	中

序号	行政隶属	海岛名称	生态指数	评价结果	序号	行政隶属	海岛名称	生态指数	评价结果
33	浙江	青浜岛	40.6	差	67	福建	青山岛	57.6	中
34	浙江	江南山岛	33.8	差	68	福建	云淡门岛	79.2	良
35	浙江	鼠浪湖岛	63.0	中	69	福建	竹江岛	52.0	中
36	浙江	小衢山岛	43.0	差	70	福建	文岐岛	68.6	良
37	浙江	西绿华岛	57.0	中	71	福建	东安岛	62.6	中
38	浙江	金鸡山岛	58.9	中	72	福建	浮鹰岛	75.6	良
39	浙江	小洋山岛	51.3	中	73	福建	大涂洲	75.6	良
40	浙江	黄礁岛	69.2	良	74	福建	鸳鸯岛	89.1	优
41	浙江	大横床岛	77.8	良	75	福建	城洲岛	107.1	优
42	浙江	横门山	55.5	中	76	福建	大嵛山	84.9	优
43	浙江	隔海山岛	65.5	良	77	福建	琅岐岛	69.2	良
44	浙江	柴峙岛	89.8	优	78	福建	南日岛	66.2	良
45	浙江	求子山岛	80.0	优	79	福建	湄洲岛	75.2	良
46	浙江	大五峙岛	76.1	良	80	广东	海鸥岛	37.5	差
47	浙江	竹峙岛	70.0	良	81	广东	淇澳岛	46.3	差
48	浙江	枸杞岛	71.0	良	82	广东	担杆岛	93.2	优
49	浙江	花鸟山岛	95.6	优	83	广东	东澳岛	85.9	优
50	浙江	白沙山岛	86.4	优	84	广东	上川岛	67.8	良
51	浙江	六横岛	60.5	中	85	广东	下川岛	72.5	良
52	浙江	桃花岛	80.2	优	86	广东	特呈岛	56.3	中
53	浙江	梅山岛	57.3	中	87	广东	横门岛	71.6	良
54	浙江	南田岛	81.5	优	88	广东	汛洲岛	93.5	优
55	浙江	花岙岛	83.5	优	89	广东	南澳岛	93.8	优
56	浙江	下大陈岛	89.9	优	90	广东	达濠岛	80.2	优
57	浙江	鹿西岛	81.5	优	91	广东	黄茅洲	70.6	良
58	福建	壶江岛	52.8	中	92	广东	许洲	92.3	优
59	福建	下屿	53.5	中	93	广东	施公寮岛	66.5	良
60	福建	海坛岛	86.0	优	94	广东	大万山岛	85.7	优
61	福建	东筶杯岛	50.5	中	95	广东	桂山岛	74.7	良
62	福建	黄瓜岛	43.0	差	96	广东	东海岛	67.5	良
63	福建	小日岛	65.4	良	97	广西	沙井岛	64.4	中
64	福建	东山岛	64.9	中	98	海南	海头岛	73.5	良
65	福建	玉枕洲	27.7	差	99	海南	西瑁洲	75.9	良
66	福建	海门岛	50.3	中	100	海南	北港岛	50.9	中

海岛生态指数和发展指数报告(2019)

一、不同区域海岛生态指数分布

本次评价的100个海岛中，黄渤海区生态优良的海岛比例最高，为88.9%；其次是南海区海岛，生态优良海岛比例为76.2%；东海区生态优良海岛比例为59.0%（表3.1-2）。参评的黄渤海区、东海区和南海区海岛平均生态指数值依次为79.1、67.1和72.6，均达到了生态"良"的水平标准。从行政分布来看，山东、上海评价海岛的优良率高，浙江、福建评价海岛的优良率较低（图3.1-1）。

表3.1-2 不同区域海岛生态指数统计

海岛所处区域	黄渤海区	东海区	南海区
海岛数	18	61	21
IEI 最大值	96.3	107.1	97.3
IEI 最小值	49.8	27.7	37.5
IEI 平均值	79.1	67.1	72.6
生态状态优	61.0%	24.6%	33.3%
生态状态良	27.8%	34.4%	42.9%
生态状态中	5.6%	29.5%	14.3%
生态状态差	5.6%	11.5%	9.5%

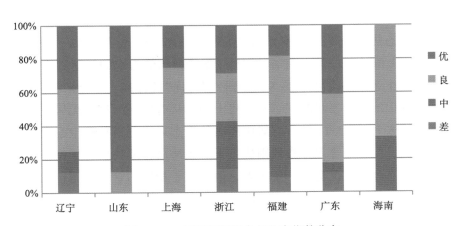

图3.1-1 不同区域海岛的生态指数分布

从海岛生态指数的分指数组成来看（图3.1-2），生态利用分指数得分大于生态环境分指数和生态管理分指数，生态管理分指数均值最低。黄渤海区海岛生态指数的生态环境分指数明显优于其他海区，大部分海岛的植被覆盖率、自然岸线保有率高，周边海域水质良好，利用强度低；但黄渤海区参评海岛在规划管理方面较弱，尤其是大部分无居民海岛未编制实施海岛保护与利用相关规划。东海区海岛的生态环境分指数和生态利用分指数均值都低于其他海区，体现了东海区海岛开发利用活动活跃，生态保护设施和措施未能满足生态化开发的要求，需要加强海岛的生态建设和生态保护；东海区海岛规划管理优于黄渤海区。南海区海岛分指数较均衡，生态环境保护和建设、规划管理水平仍可继续提高。

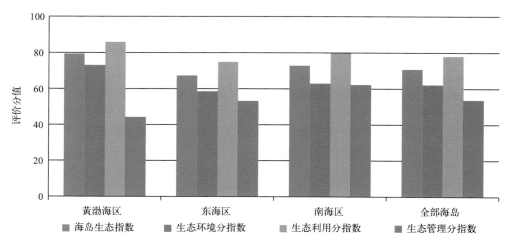

图 3.1-2　不同海区海岛的生态指数分指数均值组成

二、有居民海岛和无居民海岛生态指数分布

有居民海岛生态优良比例为 61.3%，生态一般和生态较差海岛共占比 38.7%。无居民海岛中，生态优良海岛占比 95.0%，生态评价为中的海岛占 5.0%，没有生态较差的海岛（表 3.1-3 和图 3.1-3）。有居民海岛生态指数均值为 67.1，达到生态"良"的标准；无居民海岛生态指数均值为 83.9，达到生态"优"的标准。综合来看，评价的 100 个海岛中，无居民海岛生态状况好于有居民海岛。从有居民海岛和无居民海岛生态指数的分指数组成来看（图 3.1-4），有居民海岛的生态环境分指数和生态利用分指数均低于无居民海岛，但生态管理分指数则优于无居民海岛，反映出有居民海岛的开发利用活动对海岛生态环境状况造成一定影响，但采取了积极的管理措施；无居民海岛开发利用强度小或保持原貌，生态环境良好，但开展规划管理的岛较少。

表 3.1-3　有居民海岛和无居民海岛生态指数统计

海岛类型	有居民海岛	无居民海岛	海岛类型	有居民海岛	无居民海岛
海岛数	80	20	生态状态优	23.8%	70.0%
IEI 最小值	27.7	61.6	生态状态良	37.5%	25.0%
IEI 最大值	95.6	107.1	生态状态中	26.2%	5.0%
IEI 平均值	67.1	83.9	生态状态差	12.5%	0.0%

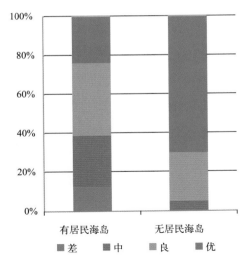

图 3.1-3　有居民海岛和无居民海岛生态指数分布

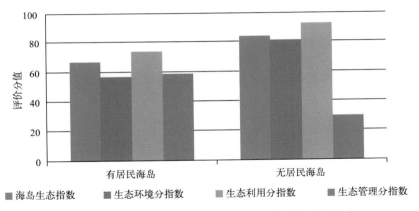

图 3.1-4　有居民海岛和无居民海岛生态指数分指数组成

第二节　海岛生态指数分析

2018 年评价海岛的各分指数均随着生态指数和生态状况等级的增加而增加，反映出评价海岛在生态环境、生态利用和生态管理三个维度表现和变化的一致性和均衡性；不同生态状况等级的海岛生态利用分指数均值大于生态指数均值，生态环境分指数和生态管理分指数均值均小于生态指数均值，表明生态利用分指数是生态指数的促进因素，生态环境和生态管理分指数是阻滞因素（图 3.2-1）。海岛周边海域水质达标率、污水处理率、海岛保护规划制定实施情况和植被覆盖率是影响海岛生态指数的主要指标（表 3.2-1）。

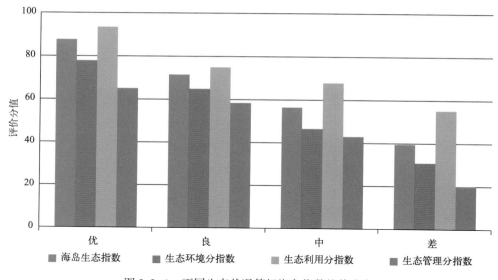

图 3.2-1 不同生态状况等级海岛指数均值分布

■ 海岛生态指数 ■ 生态环境分指数 ■ 生态利用分指数 ■ 生态管理分指数

表 3.2-1 海岛生态指数指标得分均值

海岛生态状态	植被覆盖率	自然岸线保有率	海岛周边海域水质达标率	岛陆建设用地面积比例	污水处理率	垃圾处理率	海岛规划制定及实施	特色保护*
优	78.0	82.5	68.8	97.7	83.0	98.9	63.6	5.2
良	61.4	73.8	54.4	92.7	42.1	87.3	58.6	3.2
中	49.0	52.4	30.7	86.4	29.4	84.5	43.2	1.7
差	31.3	41.3	10.0	72.7	10.0	80.0	20.0	0
全部海岛	61.2	68.7	49.5	90.9	49.6	89.8	53.5	3.2

* 特色保护指标在内容上属于生态管理，但在生态指数计算时，特色保护指标是另外加分项。

一、生态指数综合分析

1. 生态评价"优"的海岛指数与指标分析

生态评价"优"的海岛全部指标均表现良好。在生态环境方面，这些海岛的平均植被覆盖率为 78.0%，平均自然岸线保有率达到 82.5%，66.7% 的海岛周边海域水质 2018 年全年均达到国家第一类、第二类海水水质标准，九段沙、桃花岛、大万山岛等 9 个东海北部海岛、河口海岛及离岸很近的海岛因受大陆影响，周边海域全年水质未达到国家第二类海水水质标准。

在生态利用方面，生态评价"优"的海岛平均污水处理率为 83.0%，平均垃圾处理率为 98.9%；81.8% 的海岛岛陆建设用地面积比例小于 20%，指标得分均值为 97.7，河北月岛的岛陆建设用地面积比例最大，为 46.8%。生态评价"优"的海岛建设比例均较小，环境保护设施配套良好，对海岛生态环境影响微弱。

在生态管理方面，制定并实施了海岛规划的占 60.6%，已制定规划但待实施的海岛占 6.1%，柴峙岛、大竹山岛等 11 个海岛没有制定规划，占 33.3%。生态评价"优"的海岛大部分采取了积极有效的生态管理措施，但仍有部分海岛尤其是无居民海岛尚需加强海岛的保护和管理。在特色保护方面，77.4% 的生态评价"优"的海岛开展了生态特色保护，特色保护指标平均得分为 5.2。

2. 生态评价"良"的海岛指数与指标分析

生态评价"良"的海岛大部分指标表现良好。在生态环境方面，这些海岛的平均植被覆盖率为 61.4%，平均自然岸线保有率为 73.8%，45.7% 的海岛周边海域水质 2018 年全年均达到国家第一类、第二类海水水质标准。生态评价"良"的海岛在生态环境三个指标方面表现尚好，超过评价海岛平均水平，但整体均不及生态评价"优"的海岛。

在生态利用方面，37.1% 的海岛的岛陆建设用地面积比例小于 20%，得分均值为92.7。广东东海岛的岛陆建设用地面积比例最大，为 46.5%。生态评价"良"的海岛平均污水处理率为 42.1%，近一半的海岛尚未建设污水处理设施；平均垃圾处理率为 87.3%，62.9% 的海岛实现垃圾 100% 收集处理。生态评价"良"的海岛建设强度较生态评价"优"的海岛明显加大，平均建设用地面积比例接近 30%，对海岛生态环境可能造成一定影响；同时，部分海岛污水处理设施缺乏，垃圾处理设施配套不足，亟待完善。

在生态管理方面，制定并实施了海岛规划的占 54.3%，已制定规划但待实施的海岛占 8.6%，没有制定规划的海岛占 37.1%。生态评价"良"的海岛大部分采取了积极有效的规划管理措施，部分海岛尚未编制海岛规划。在特色保护方面，57.1%的生态评价"良"的海岛开展了生态特色保护，特色保护指标平均得分为 3.2。

3. 生态评价"中"的海岛指数与指标分析

生态评价"中"的海岛仅个别指标表现良好，大部分指标表现一般。在生态环境方面，生态评价"中"的海岛平均植被覆盖率为 49.0%，植被覆盖率大于 60% 的海岛占 27.3%；平均自然岸线保有率为 52.4%，自然岸线保有率大于 85% 的海岛占22.7%；27.3% 的海岛周边海域水质 2018 年全年均达到国家第一类、第二类海水水质标准，4.5% 的海岛局部海域水质达到国家第一类、第二类海水水质标准，68.2%的海岛周边海域水质未达到国家第二类海水水质标准。生态评价"中"的海岛在生态环境方面表现不及生态优良的海岛，需要加强海岛生态建设。

在生态利用方面，生态评价"中"的海岛岛陆建设用地面积比例指标得分均值为86.4，其中，福建的竹江岛建设用地面积比例最大，为 72.8%，建设用地面积比例小于 20% 的海岛仅占 22.7%；生态评价"中"的海岛平均污水处理率为 29.4%，64%的海岛没有污水集中处理设施；平均垃圾处理率为 84.5%，72.7% 的海岛实现垃圾100% 收集处理。生态评价"中"的海岛建设用地面积比例较大，污水处理设施配套不足，垃圾处理率较低，对海岛生态环境具有一定的影响。

在生态管理方面，制定并实施了海岛规划的占 40.9%，已制定但未实施规划的海岛占 13.6%，没有制定规划的海岛占 45.5%，生态评价"中"的海岛大部分未采取积极有效的生态管理措施。在特色保护方面，40.9% 的生态评价"中"的海岛开展了生态特色保护，特色保护指标平均得分为 1.7。

4. 生态评价"差"的海岛指数与指标分析

在生态环境方面，生态评价"差"的海岛平均植被覆盖率为 31.3%，平均自然岸线保有率为 41.3%，周边海域水质 2018 年全年均达到国家第一类、第二类海水水质标准的海岛仅占 10.0%。生态评价"差"的海岛在生态环境三个指标上均表现欠佳。

在生态利用方面，生态评价"差"的海岛平均污水处理率为 10.0%，平均垃圾处理率为 80.0%；其中，广东淇澳岛的岛陆建设用地面积比例最大，为 92.1%，40.0% 的海岛岛陆建设用地面积比例低于 20%，得分均值为 72.7。生态评价"差"的海岛建设用地面积比例普遍较大。与生态评价"中"的海岛相比，生态评价"差"的海岛岛陆建设强度更大，污水和垃圾处理率更低，在海岛生态环境保护方面投入不足。

在生态管理方面，20.0% 的生态评价"差"的海岛制定并实施了海岛规划，采取了积极有效的生态管理措施，没有制定或实施相关规划的海岛占 80.0%。生态评价"差"的海岛均没有生态特色保护内容。综合分析，周边海域水质较差、规划管理缺位、保护措施及环保设施不足是生态评价"差"的海岛生态状况的主要影响因素。

二、生态指数分指数分析

1. 海岛生态指数与分指数

海岛生态指数是由生态环境、生态利用和生态管理三个方面组成的。生态环境分指数和生态利用分指数与海岛生态指数分布趋势一致，对海岛生态指数起到决定作用。生态环境分指数、生态利用分指数分布分散，即在海岛生态指数分值相同的海岛之间，生态环境和生态利用分指数得分差异较大。不同分值的海岛生态指数对应的生态管理分指数也分布分散，未表现出明显差异。综上，不同海岛具有生态状况复杂性，往往在生态环境、生态利用、生态管理三个方面表现不一(图 3.2-2)。

生态环境分指数指标值普遍偏低，平均值仅为 61.9，最大值为 100，是海岛生态指数的制约因素之一。生态利用分指数主要体现人类与海岛生态环境的相互关系，其均值为 77.7，中位数为 79.7，最大值为 100。总体来看，大部分海岛在开发利用过程中采取积极的环境保护措施以减小对海岛产生的不良影响。海岛生态管理分指数均值为

53.5，是均值最低的分指数，近一半海岛未编制海岛保护相关规划，表明评价海岛生态保护政策与措施落实尚待加强。特色保护指标平均得分为3.2，53.0%的海岛有特色保护内容并采取了积极的保护措施。

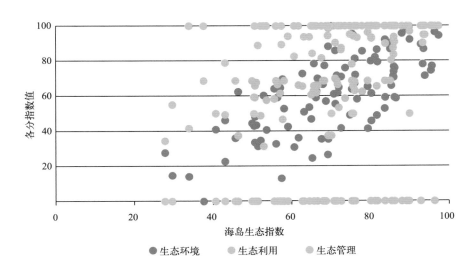

统计内容	海岛生态指数	生态环境分指数	生态利用分指数	生态管理分指数
最小值	27.7	0.0	31.4	0.0
最大值	107.1	100.0	100.0	100.0
极差	79.4	100.0	68.6	100.0
均值	70.5	61.9	77.7	53.5
中位数	71.5	63.4	79.7	100.0

图 3.2-2 海岛生态指数的各分指数值分布

2. 生态环境分指数主要影响指标分析

海岛植被覆盖率和海岛周边海域水质是2018年评价海岛生态环境分指数的主要限制指标。评价海岛植被覆盖率均值为61.2，对于生态环境分指数值大于80的海岛，植被覆盖率指标值低于其他指标，是三个指标中的限制指标（图3.2-3）。海岛周边海域水质达标率均值为49.5，对于生态环境分指数值小于80的海岛，海岛周边海域水质达标率是限制指标，指标值普遍低于其他指标。自然岸线保有率指标表现相对较好，41.0%的海岛自然岸线保有率大于85%，但相同分指数值对应的自然岸线保有率指标值分布分散。

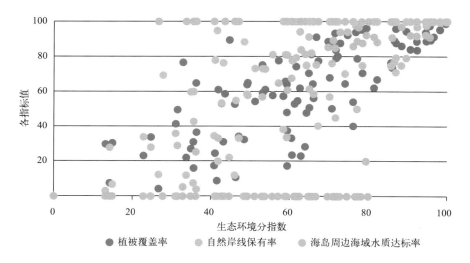

统计内容	生态环境分指数	植被覆盖率指标	自然岸线保有率指标	周边海域水质达标率指标
最小值	0.0	0.0	0.0	0.0
最大值	100.0	100.0	100.0	100.0
极差	100.0	100.0	100.0	100.0
均值	61.9	61.2	68.7	49.5
中位数	63.4	64.4	78.7	55.0

图 3.2-3　海岛生态指数生态环境分指数各指标分布

3. 生态利用分指数主要影响指标分析

污水处理率是 2018 年评价海岛生态利用分指数的主要限制指标。污水处理率指标均值仅为 49.6，生态利用分指数值大于 80 的海岛，均建设了污水处理设施，而此分指数值小于 80 的海岛，大部分未建设污水处理设施（图 3.2-4）。岛陆建设用地面积比例指标值，85% 分布在 80 分以上。垃圾处理率指标则表现较好，75% 的海岛实现 100% 垃圾处理。加强环境保护和基础设施建设，提高海岛污水处理能力，控制岛陆开发强度，有利于减少人类活动对海岛生态环境的影响，改善海岛生态状况。

4. 生态管理分指数的指标情况

海岛生态管理分指数仅设置了"海岛保护规划制定与实施情况"一个指标。51.0% 的海岛制定并实施了海岛的单岛规划或城乡规划，5.0% 的海岛正在编制或已经编制待实施的海岛规划，44.0% 的海岛未编制相关规划。"海岛保护规划制定与实施情况"是 2018 年评价海岛的生态指数的阻滞指标。

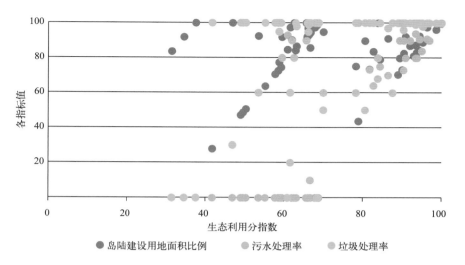

统计内容	生态利用分指数	岛陆建设用地 面积比例指标	污水处理率指标	垃圾处理率指标
最小值	31.4	27.9	0.0	0.0
最大值	100.0	100.0	100.0	100.0
极差	68.6	72.1	100.0	100.0
均值	77.7	90.9	49.6	89.8
中位数	79.7	99.2	62.0	100.0

图 3.2-4　海岛生态指数生态利用分指数各指标分布

5. 特色保护指标情况

　　特色保护指海岛"珍稀濒危物种及栖息地、古树名木、自然和历史人文遗迹保护"，各类特色保护情况统计见表 3.2-2。海岛特色保护指标平均得分为 3.2，53.0% 的海岛有特色保护内容并采取了积极的保护措施，6 个海岛具有多项保护措施，得 10 分。自然、历史景观遗迹在海岛分布普遍，约 37% 的海岛具有自然、历史景观遗迹并采取了保护措施。有 16 个评价海岛是珍稀濒危生物的栖息地并进行了保护。

表 3.2-2　海岛生态指数特色保护指标情况统计

特色保护内容	指标得分	海岛数	占比
没有特色保护内容和措施	0 分	47	47.0%
有古树名木或一般自然、历史景观遗迹并采取了保护	2 分	14	14.0%
有古树名木和一般自然、历史景观遗迹并采取了保护	4 分	4	4.0%
有省级以上历史人文遗迹或非物质文化遗产并采取了保护	5 分	5	5.0%

特色保护内容	指标得分	海岛数	占比
有省级及以上历史人文遗迹或非物质文化遗产和其他自然历史遗迹，并采取了保护；或有省级以上历史人文遗迹或非物质文化遗产和古树名木，并采取了保护	7分	12	12.0%
是珍稀濒危生物的栖息地并采取了保护	8分	10	10.0%
有省级及以上历史人文遗迹或非物质文化遗产、其他自然历史遗迹和古树名木，并采取了保护；	9分	2	2.0%
采取以上多项保护措施，累计得分大于等于10分	10分	6	6.0%

三、生态指数对比分析

1. 2016—2018 年评价海岛生态指数汇总分析

2016—2018 年共计进行了 243 个（270 个岛次）海岛的生态指数评价，对 243 个海岛的生态指数进行汇总分析，结果见图 3.2-5、图 3.2-6 和表 3.2-3。

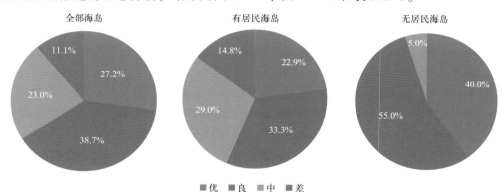

图 3.2-5　2016—2018 年海岛生态指数统计

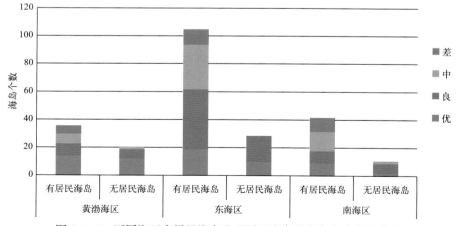

图 3.2-6　不同海区有居民海岛和无居民海岛的海岛生态指数分布

表 3.2-3 不同海区有居民海岛和无居民海岛的海岛生态指数分布统计

分类	黄渤海区			东海区			南海区		
	合计	有居民海岛	无居民海岛	合计	有居民海岛	无居民海岛	合计	有居民海岛	无居民海岛
优	46.4%	38.9%	60.0%	21.6%	18.1%	34.5%	20.8%	21.4%	18.2%
良	28.6%	25.0%	35.0%	46.3%	41.0%	65.5%	30.2%	21.4%	63.6%
中	14.3%	19.4%	5.0%	23.9%	30.5%	0.0%	30.2%	33.3%	18.2%
差	10.7%	16.7%	0.0%	8.2%	10.5%	0.0%	18.9%	23.8%	0.0%
总计	100%	64.3%	35.7%	100%	78.4%	21.6%	100%	79.2%	20.8%

海岛生态指数得分大于等于 80，生态状况优的海岛有 66 个，占 27.2%；海岛生态指数得分为 65~80，生态状况良的海岛有 94 个，占 38.7%；海岛生态指数得分为 50~65，生态状况为中的海岛有 56 个，占 23.0%；海岛生态指数得分小于 50，生态状况差的海岛有 27 个，占 11.1%。

有居民海岛生态状况优良比例为 56.3%，其中乡镇级及以上海岛占 37.7%，村级海岛占 18.6%；生态状况中的海岛占 29.0%，生态状况差的海岛占 14.7%，其中乡镇级及以上海岛占 2.7%，村级海岛占 12.0%。无居民海岛中，生态状况优良的海岛占比 95.0%，生态状况为中的海岛占 5.0%，没有生态状况差的海岛。总体来看，乡镇级及以上海岛和无居民海岛以生态优良海岛为主，村级有居民海岛以生态状况良和生态状况中的海岛为主，需要加强海岛生态建设。

从区域分布来看，黄渤海区生态优良海岛比例最高，为 75.0%；其次是东海区海岛，生态优良海岛比例为 67.9%；南海区生态优良海岛比例为 51.0%。黄渤海区、东海区、南海区海岛的生态指数平均值依次为 75.2、69.3 和 65.3，达到了生态"良"的水平标准。

2. 不同年度海岛生态指数对比

根据海岛生态指数波动变化评价标准，对广鹿岛等 23 个海岛 2016 年与 2018 年的生态指数进行对比评价，结果见表 3.2-4 和图 3.2-7。广鹿岛、连岛、六横岛、南日岛等 9 个海岛的生态指数变化较小，生态综合状况无明显变化。北长山岛、花鸟山岛、湄州岛、大万山岛等 13 个海岛的生态指数增加超过 3，生态综合状况变好，其中 4 个海岛生态状况变好，生态等级未变；9 个海岛生态状况变好，生态等级提高。鹿西岛生态指数减小超过 3，但生态等级未变，生态状况有潜在退化趋势。

表 3. 2-4　2016 年与 2018 年海岛生态指数变动

序号	海岛名称	2018 年 VS 2016 年	序号	海岛名称	2018 年 VS 2016 年
1	广鹿岛	=	2	獐子岛	=
3	北长山岛	↑	4	连岛	=
5	长兴岛	↑	6	枸杞岛	=
7	花鸟山岛	↑	8	白沙山岛	↑
9	六横岛	=	10	桃花岛	↑
11	梅山岛	=	12	南田岛	↑
13	花岙岛	=	14	下大陈岛	=
15	鹿西岛	↓	16	大嵛山	=
17	琅岐岛	↑	18	南日岛	=
19	湄洲岛	↑	20	施公寮岛	↑
21	大万山岛	↑	22	桂山岛	↑
23	东海岛	↑	—	—	—

注：↑表示生态状态有好转；=表示生态状态无明显变化；↓表示生态状态有退化。

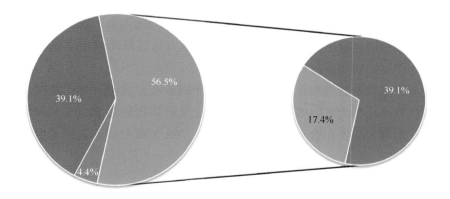

■ 有退化　■ 无明显变化　■ 有好转　■ 有好转，等级不变　■ 有好转，等级提高

图 3. 2-7　23 个海岛 2016 年与 2018 年海岛生态指数波动变化情况

第四章

海岛发展指数评价结果与分析

第一节　海岛发展指数评价结果

2018 年，我国 80 个有居民海岛的发展指数评价结果及排名情况见表 4.1–1。海岛发展指数平均值为 71.8，发展指数得分最高的是崇明岛，得分为 97.2，其次是下大陈岛（96.8）、东澳岛（95.8）、白沙山岛（95.4）和鹿西岛（93.9），而簸箕岛、檀头山岛、小洋山岛、小衢山岛等海岛的发展指数排名靠后。指数得分最高的海岛，分值是得分最低的海岛的 2.5 倍左右。

表 4.1–1　2018 年海岛发展指数评价结果

序号	所在地区	标准名称	发展指数值	排名	序号	所在地区	标准名称	发展指数值	排名
1	辽宁省	簸箕岛	38.7	80	17	浙江省	西门岛	67.1	49
2	辽宁省	大耗岛	68.0	44	18	浙江省	长峙岛	62.5	55
3	辽宁省	小耗岛	71.4	40	19	浙江省	盘峙岛	54.3	69
4	辽宁省	大鹿岛	82.3	26	20	浙江省	大鹏山岛	67.8	46
5	辽宁省	广鹿岛	84.0	25	21	浙江省	黄兴岛	58.6	59
6	辽宁省	獐子岛	79.4	31	22	浙江省	青浜岛	56.4	65
7	山东省	庙岛	70.9	41	23	浙江省	江南山岛	56.9	63
8	山东省	北长山岛	91.5	9	24	浙江省	鼠浪湖岛	55.6	68
9	江苏省	连岛	91.1	11	25	浙江省	小衢山岛	47.7	77
10	上海市	崇明岛	97.2	1	26	浙江省	西绿华岛	57.7	60
11	上海市	长兴岛	91.1	10	27	浙江省	金鸡山岛	52.8	71
12	浙江省	岱山岛	86.9	21	28	浙江省	小洋山岛	43.5	78
13	浙江省	玉环岛	90.4	12	29	浙江省	黄礁岛	50.3	72
14	浙江省	檀头山岛	43.2	79	30	浙江省	大横床岛	79.3	33
15	浙江省	南麂岛	77.9	34	31	浙江省	横门山	53.7	70
16	浙江省	北麂岛	79.7	30	32	浙江省	隔海山岛	55.9	66

序号	所在地区	标准名称	发展指数值	排名	序号	所在地区	标准名称	发展指数值	排名
33	浙江省	枸杞岛	74.3	37	57	福建省	浮鹰岛	65.1	51
34	浙江省	花鸟山岛	92.8	6	58	福建省	大嵛山	89.7	15
35	浙江省	白沙山岛	95.4	4	59	福建省	琅岐岛	75.2	36
36	浙江省	六横岛	87.9	19	60	福建省	南日岛	79.3	32
37	浙江省	桃花岛	84.1	24	61	福建省	湄洲岛	92.4	8
38	浙江省	梅山岛	92.5	7	62	广东省	海鸥岛	60.9	57
39	浙江省	南田岛	86.3	22	63	广东省	淇澳岛	67.7	47
40	浙江省	花岙岛	85.3	23	64	广东省	担杆岛	79.5	31
41	浙江省	下大陈岛	96.8	2	65	广东省	东澳岛	95.8	3
42	浙江省	鹿西岛	93.9	5	66	广东省	上川岛	69.5	43
43	福建省	壶江岛	56.6	64	67	广东省	下川岛	67.9	45
44	福建省	下屿	70.6	42	68	广东省	特呈岛	67.7	48
45	福建省	海坛岛	87.8	20	69	广东省	横门岛	80.5	29
46	福建省	东箸杯岛	65.8	50	70	广东省	汛洲岛	64.3	52
47	福建省	黄瓜岛	49.0	73	71	广东省	南澳岛	88.0	18
48	福建省	小日岛	63.1	54	72	广东省	达濠岛	89.7	14
49	福建省	东山岛	88.4	17	73	广东省	施公寮岛	57.6	61
50	福建省	玉枕洲	48.0	74	74	广东省	大万山岛	90.3	13
51	福建省	海门岛	62.3	56	75	广东省	桂山岛	89.6	16
52	福建省	青山岛	60.8	58	76	广东省	东海岛	82.0	27
53	福建省	云淡门岛	75.7	35	77	广西区	沙井岛	55.7	67
54	福建省	竹江岛	63.8	53	78	海南省	北港岛	57.6	62
55	福建省	文岐岛	48.0	75	79	海南省	海头岛	73.2	39
56	福建省	东安岛	47.9	76	80	海南省	西瑁洲	74.2	38

注：本表排名按各岛发展指数值小数点后两位大小排列。

发展指数总体分布均匀(图 4.1-1)，大多数海岛的得分分布在 55~95 分，55 以下和 95 分以上海岛分别仅占 15% 和 5%。55~95 分，各组分布较为均匀，其中 85~90 分、55~60 分占比相对较高，分别为 12.5%。发展指数总体分布反映出，随着近年来我国经济社会的发展和进步，海岛地区也取得了长足进步，但是总体尚处于中等发展水平，存在不均衡、岛间发展水平差距大的问题，仍有很大发展空间和潜力。

海岛生态指数和发展指数报告(2019)

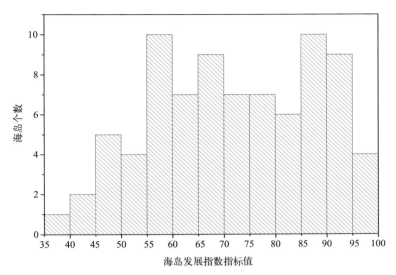

图 4.1-1　海岛发展指数分布直方图

　　崇明岛通过优化完善城乡规划体系、强化生态文明理念、倡导科学的生产生活方式、完善生态环境预警监测评价机制、厚植生态优势，在社会民生、社区治理方面名列前茅，实现海岛经济发展、生态环境、社会民生、文化建设、社区治理"五位一体"综合发展目标。值得注意的是，崇明岛特色保护方面的工作成绩突出，注重岛上海岛品牌建设、资源循环利用和可再生能源利用、自然和历史人文遗迹保护和对海岛珍稀濒危物种及栖息地、古树名木的保护，在发展中践行生态文明思想。发展指数较低的海岛，普遍存在人口数量少，地方财政收入低，海岛交通和岛上基础设施较差，海岛产业单一，以农渔业为主等问题，部分海岛整岛"迁出"政策，也对评价结果影响较大。

一、不同主导开发类型海岛发展指数

　　根据各海岛的主导开发利用类型，可将 80 个有居民海岛分为三类：旅游型海岛、农渔业型海岛和工业型海岛。在 SPSS 软件系统中用 Duncan 法进行多组样本间差异显著性分析，结果见表 4.1-2。结果显示，旅游型海岛发展指数最高，工业型海岛发展指数次之，农渔业型海岛发展指数最低，且低于本次评价海岛的平均水平。

表 4.1-2　不同主导开发类型海岛发展指数和分指数均值、标准差和差异性

类型	旅游型海岛	农渔业型海岛	工业型海岛	平均
数量	15	54	11	—
发展指数值	85.874±8.49b	65.62±13.49a	82.76±15.72b	71.77±15.71
经济发展指标值	43.42±17.82ab	32.4178±17.43a	54.16±20.04b	37.47±19.33
生态环境指标值	72.01±8.92a	62.55±15.38b	59.94±10.50b	63.97±14.23

续表

类型	旅游型海岛	农渔业型海岛	工业型海岛	平均
社会民生指标值	86.65±8.49a	76.52±14.19b	83.72±15.45ab	79.41±14.01
文化建设指标值	90.61±11.33b	81.5691±12.19a	86.80±12.70ab	83.98±12.50
社区治理指标值	87.40±16.38b	57.30±27.43a	80.11±16.58b	66.08±27.45

注：a，b 表示在 $P<0.05$ 时不同组别的差异性，若字母相同，则表示无显著差异；字母不同，表示存在显著差异。后同类表同。

海岛的地理位置、资源禀赋、人文特征决定了海岛产业类型、产业结构以及独特的演化、转型过程。不同类型海岛的发展指数分指数也表现出一定的特征（图4.1-2）。不同类型海岛在经济发展、生态环境、文化建设、社区治理和社会民生五个方面均存在不同程度的差异，总体发展较为不均衡。其中，在文化建设和社会民生方面，不同类型海岛总体发展水平较高，文化建设平均分达到84.0±12.5分；在生态环境和社区治理方面，海岛发展总体尚可，但不同类型海岛差异显著，其中工业型海岛生态环境水平显著低于其他类型海岛；在社区治理方面，农渔业型海岛显著落后于旅游型海岛和工业型海岛；在经济发展方面，海岛地区经济发展总体不及我国沿海省（自治区、直辖市）平均水平，不同类型海岛间的经济发展差异较显著，工业型海岛显著高于旅游型海岛且极显著高于农渔业型海岛。

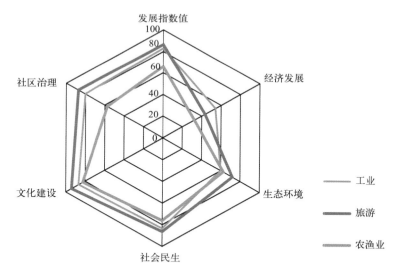

图 4.1-2 不同主导开发类型海岛发展指数和分指数均值对比

旅游型海岛在生态环境、社会民生、文化建设、社区治理方面总体优于农渔业型海岛和工业型海岛，且发展成效最为突出。海岛文化建设尤其突出，平均分高达90.6±11.3分，随着人民生活水平的提高，海岛成为众多游客的旅游目的地之一，旅游型海岛的发展需要加强海岛特色文化保护和建设。总体上，旅游型海岛发展成效最突

海岛生态指数和发展指数报告（2019）

40

出，发展水平也较为均衡，15个海岛中80%的海岛排名在前30名以内，海岛旅游发展潜力得到一定的挖掘，但海岛经济发展水平仍然较低，需进一步加强海岛文化宣传，同时在开展海岛旅游时注重海岛生态环境保护和社区治理建设，以生态旅游为开发的主导方向(图4.1-3)。

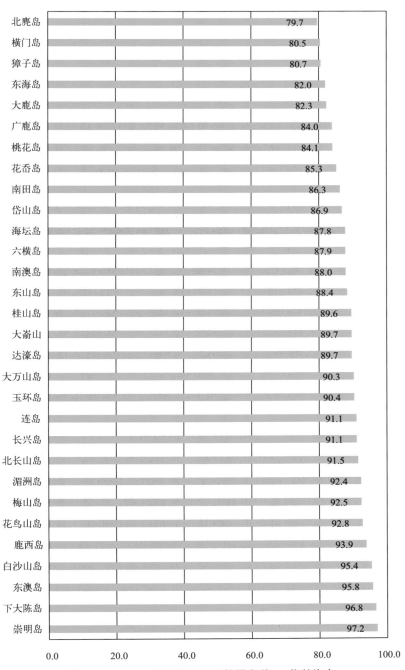

图 4.1-3　2018 年海岛发展指数排名前 30 位的海岛

同 2016 年、2017 年评价的工业型海岛相似，2018 年工业型海岛经济发展实力明显高于旅游型和农渔业型海岛，而生态环境质量明显劣于其他两种产业类型海岛，需要在经济发展的过程中践行绿色发展、生态保护优先的理念。此外，工业型海岛在社会民生和文化建设方面也显著低于旅游型海岛，具有一定的改进空间。

农渔业型海岛的发展指标值最差，综合发展成效不突出，各分指标值也大多低于其他类型海岛。海岛产业单一、抗风险能力弱，海岛经济发展实力最弱，产业转型升级压力较大，亟待推动产业转型升级、提高经济实力、加强社区治理和环境保护。

二、不同区域海岛发展指数

对 2018 年评价的 80 个有居民海岛的发展指数分海区进行对比，结果如表 4.1-3 所示。三个海区的海岛发展指数无显著差异，黄渤海区海岛发展指数均值最高，南海区、东海区海岛次之，该结果同 2016 年、2017 年评价结果基本一致。

表 4.1-3 不同区域海岛发展指数和分指数均值、标准差和差异性

海岛	黄渤海区	东海区	南海区	平均
数量	9	52	19	—
经济发展指标值	34.16±13.41a	38.80±20.71a	35.16±18.13a	37.47±19.34
生态环境指标值	72.07±10.76b	61.41±14.38a	67.14±13.76ab	63.97±14.24
社会民生指标值	77.07±15.65a	78.57±14.42a	82.82±12.10a	79.18±14.00
文化建设指标值	96.58±10.26b	82.85±12.13a	86.62±12.62a	85.29±12.67
社区治理指标值	65.46±36.43a	63.54±26.64a	73.31±25.15a	66.08±27.45
特色指标值	7.67±6.76a	6.11±6.26a	6.00±5.13a	6.26±6.02
发展指数值	75.40±16.19a	70.48±16.80a	74.31±12.56a	71.94±15.77

黄渤海区海岛的生态环境、文化建设指标值均高于另外两个海区的海岛，综合发展成效略高于东海区和南海区，在经济发展、社会民生和社区治理方面仍有一定发展空间。东海区海岛数量众多，海岛发展水平参差不齐，排名前十的海岛中有七个是东海区海岛，但排名末十位的海岛中也有九个是东海区的，海岛呈现两极化发展。东海区海岛经济发展在三个海区中最突出，但其他分指标值均低于本次评价海岛的平均水平。影响东海区海岛发展水平的主要因素是生态环境、文化建设以及资源分配不均。南海区海岛社会民生、社区治理指标值高于其他两个海区，但在经济发展、生态环境和特色指标建设能力方面均低于本次评价海岛的平均水平，仍具有发展潜力。

从分指数来看，不同海域海岛在经济发展、社会民生、社区治理、特色指标方面无显著差异；在生态环境和文化建设方面，三个区域的海岛组间存在显著差异，其中黄渤海区显著高于东海区和南海区，南海区显著高于东海区。

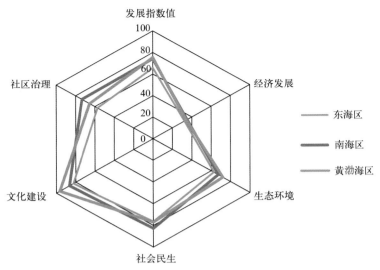

图 4.1-4　不同区域海岛发展指数和分指数均值对比

第二节　海岛发展指数分指数分析

一、综合分析

依据 2018 年评价的 80 个有居民海岛排名，分别将排名 1~20，21~40，41~60 和 61~80 的海岛分组，分别代表发展"优""良""中"和"差"的海岛，对不同组别海岛发展指数分指数进行比较分析。结果显示（表 4.2-1），在经济发展方面，总体呈现出发展"优"的海岛显著高于发展"良"和"中"的海岛，更显著高于发展"差"的海岛，发展"良"和"中"的海岛无显著差异；在生态环境方面，发展"优"和"良"的海岛无显著差异，发展"中"和"差"的海岛无显著差异，但发展"优""良"的海岛显著高于发展"中"和"差"的海岛；在社会民生方面，发展"优""良"的海岛间存在一定差异，发展"良""中"的海岛间存在一定差异，发展"优"的海岛显著高于发展"差"的海岛；在文化建设方面，发展"优""良"的海岛略高于发展"中"的海岛，显著好于发展"差"的海岛；在社区治理方面，发展"优"和"良"的海岛，显著高于发展"中""差"的海岛。综上，发展"良"的海岛的进步空间在经济发展、生态环境、社区治理和特色指标值方面，而发展"中"和"差"的海岛在六个方面需全方位提升。

表 4.2-1　不同发展水平海岛发展指数、分指数对比结果

评价指标	发展"优"的海岛	发展"良"的海岛	发展"中"的海岛	发展"差"的海岛
经济发展	53.05±15.14a	37.00±15.89b	36.18±20.32b	23.65±14.20c
生态环境	72.46±11.42a	70.11±7.78a	56.79±15.66b	56.51±13.33b

评价指标	发展"优"的海岛	发展"良"的海岛	发展"中"的海岛	发展"差"的海岛
社会民生	88.81±6.76a	85.14±7.54ab	78.91±12.04b	64.78±14.68c
文化建设	90.94±11.44a	90.68±10.37a	83.89±11.65a	74.64±9.78b
社区治理	88.04±9.66a	81.71±18.14a	58.11±25.17b	36.46±17.97c
特色指标值	13.55±3.55a	7.65±4.97b	3.15±3.34c	0.7±1.26d
发展指数值	91.55±3.03a	79.66±4.66b	65.11±3.83c	51.46±5.52d

注：a，b，c，d表示在$P<0.05$时不同组别的差异性，若字母相同，则表示无显著差异；字母不同，表示存在显著差异。

二、经济发展分指数

当海岛经济发展分指数值超过60分时，表明海岛经济发展水平超过沿海省（自治区、直辖市）经济发展平均水平。从图4.2-1中可知，海岛经济发展水平超过沿海省（自治区、直辖市）平均水平的海岛仅有11个，大多数海岛得分小于60分，小于40分的海岛占比达60%，真实反映海岛的经济发展水平普遍低于沿海省（自治区、直辖市）经济发展平均水平，是沿海的经济欠发达地区。经济发展分指数得分排名靠前的为玉环岛（84.1）、淇澳岛（83.3）、白沙山岛（79.0）和长崎岛（77.1）。海岛经济发展与产业、资源、人口、区位及可通达性密切相关，海岛交通和基础设施健全促进其经济发展，如玉环岛和淇澳岛。部分交通和基础设施较差的不宜居住海岛，已实现全岛居民搬离，如小洋山岛等。

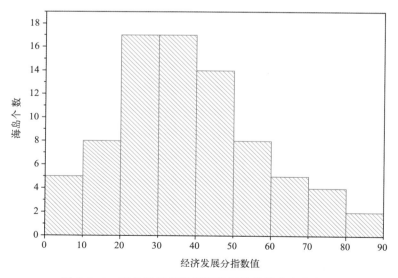

图 4.2-1　海岛发展指数经济发展分指数分布直方图

如图4.2-2所示，经济发展分指数与单位面积财政收入指标、居民人均可支配收入指标表现出高度的正相关性，同时，单位面积财政收入指标、居民人均可支配收入指标表现出较高的相关性和趋势一致性。一般而言，财政收入较高的海岛，其居民人均可支配收入也较高。

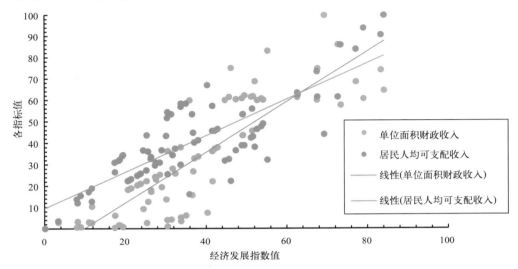

图 4.2-2　海岛发展指数经济发展分指数各指标分布

三、生态环境分指数

图4.2-3是评价的80个海岛生态环境分指数分布直方图。从图中可知，海岛生态环境分指数整体较理想，主要集中在50~80分，超过60分的海岛占65.0%，反映出大

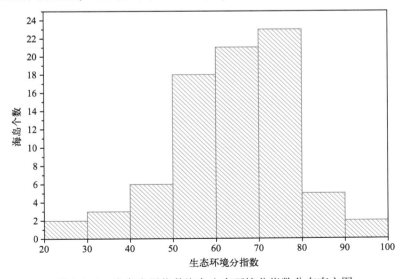

图 4.2-3　海岛发展指数海岛生态环境分指数分布直方图

部分海岛生态环境分指数对海岛发展指数起积极作用,随着生态文明思想的深入人心,在海岛综合发展中重视生态环境的保护和能力建设。生态环境分指数得分排名靠前的海岛为下大陈岛(95.1)、汛洲岛(91.9)、花鸟山岛(86.3)和南澳岛(85.5),而浙江的江南山岛、福建的玉枕洲、广东的海鸥岛生态环境分指数排名较靠后,分别为27.2、26.9和33.3分。

表4.2-2是海岛生态环境分指数与指标之间的相关性分析,从表中可知,生态环境分指数与植被覆盖率、自然岸线保有率等6个指标在0.05水平(双侧)上显著正相关。植被覆盖率指标、自然岸线保有率指标和岛陆建设用地面积比例指标表现出较强相关性,植被覆盖率和自然岸线保有率体现环境支撑能力,岛陆建设用地面积比例表征环境压力,环境支撑能力强即环境抗压能力强。海岛周边海域水质达标率指标、污水处理率指标和垃圾处理率指标之间,以及它们与前述指标之间均没有表现出相关性。从各分指数来看,海岛植被覆盖率总体较好,50%的海岛的植被覆盖率高于60%,60%的海岛的自然岸线保有率高于60%,76.3%的海岛的自然岸线保有率高于35%,71.3%的海岛的岛陆建设用地面积比例指标值高于85分。综合来看,本次评价海岛中大部分植被和岸线原生状况保持较好,岛陆开发利用强度适宜。但海岛周边海域水质状况不容乐观,水质两极化现象严重,有51.3%的海岛的周边海域水质状况指标值为0,40%的海岛的周边海域水质状况指标值为满分;与之类似,50%的海岛的污水处理率为0,仅26.25%的海岛的污水处理率达到85%。在海岛垃圾处理方面,多数海岛实行垃圾外运措施,83.8%的海岛实现垃圾处理率90%以上。综上,海岛生态环境分指数的主要限制性因子是海岛周边海域水质状况和海岛污水处理率。

表4.2-2　海岛发展指数生态环境分指数各指标值相关性分析

项目类别	植被覆盖率	自然岸线保有率	岛陆建设用地面积比例	周边海域水质达标率	污水处理率	垃圾处理率
生态环境指标值	0.575**	0.398**	0.492**	0.474**	0.470**	0.259*
植被覆盖率		0.441**	0.630**	-0.02	0.00	0.012
自然岸线保有率			0.313**	-0.04	-0.15	-0.135
岛陆建设用地面积比例				0.04	0.06	-0.14
周边海域水质达标率					-0.08	-0.118
污水处理率						0.129

注:**在0.01水平(双侧)上显著相关。*在0.05水平(双侧)上显著相关。

四、社会民生分指数

图4.2-4是评价的80个海岛社会民生分指数分布直方图。从图中可知，评价海岛社会民生整体较好，社会民生分指数值主要集中在70~100分，超过70分的海岛占比高于80%。社会民生分指数得分较高的海岛多为乡级岛或县级岛，如东山岛、东澳岛。近年来，依托大陆区位战略发展，海岛地区的社会民生保障能力大大增强，如广东的达濠岛、大万山岛，上海的长兴岛，浙江的六横岛等。总体反映出海岛地区基础设施日益完善，海岛防灾减灾保障能力增强，对外交通条件改善，医疗卫生和社会保障相关公共服务能力逐步加强。

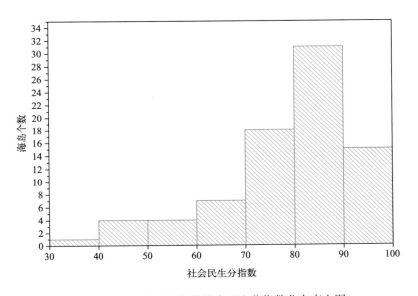

图4.2-4 海岛发展指数社会民生分指数分布直方图

表4.2-3是海岛社会民生分指数与各指标之间相关性分析结果，从表中可知，社会民生分指数与各指标在0.05水平（双侧）上显著正相关。其中基础设施完备状况和海岛防灾减灾设施对社会民生发展水平的影响较大，基础设施完备状况与防灾减灾设施两者存在强相关性。从各分指标来看，75%的海岛基础设施完备状况为满分，近60%的海岛防灾减灾设施指标值达85分以上，近70%的海岛对外公共交通条件达85分以上，近80%的海岛社会保障情况分指标高于85分以上，相对较弱的方面是海岛医疗卫生保障情况，仅18.9%的海岛医疗卫生保障指标值达到85分，66.3%的海岛该项分指数低于60分。总体而言，海岛社会民生分指数总体得分较高，但海岛医疗卫生保障方面需要加强。

表 4.2-3　海岛发展指数社会民生分指数各指标值相关性分析

项目类别	基础设施完备状况	防灾减灾设施	对外交通条件	每千名常住人口公共卫生人员数	社会保障情况
社会民生指标值	0.562＊＊	0.694＊＊	0.534＊＊	0.445＊＊	0.420＊＊
基础设施完备状况		0.402＊＊	0.102	0.14	0.143
防灾减灾设施			0.104	0.084	0.141
对外交通条件				0.136	−0.13
每千名常住人口公共卫生人员数					0.022

注：＊＊在 0.01 水平(双侧)上显著相关。＊在 0.05 水平(双侧)上显著相关。

五、文化建设分指数

文化建设分指数得分整体较高(图 4.2-5)，分值区间分布在 60~100 分，平均值高达 85.3 分，大于等于 85 分的海岛有 38 个。评价的 80 个有居民海岛中，所有海岛的教育设施指标值均为 100 分，根据现有《城市居住区规划设计标准》(GB 50180—2018)的要求，海岛教育设施整体能满足海岛需求；人均拥有公共文化体育设施面积是影响文化建设水平的主要因素(图 4.2-6)。

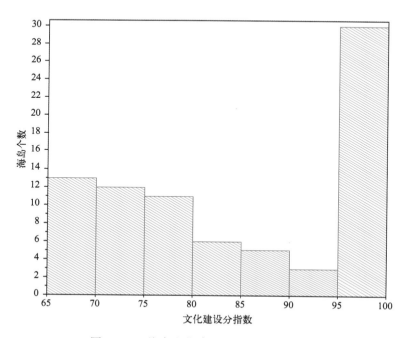

图 4.2-5　海岛文化建设分指数分布直方图

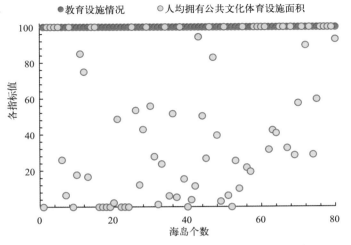

图 4.2-6　海岛发展指数文化建设分指数各指标分布

六、社区治理分指数

图 4.2-7 是评价的 80 个有居民海岛社区治理分指数分布直方图。海岛社区治理整体发展不均衡，不同海岛社区治理分指数值差异较大。社区治理分指数得分排名靠前的西门岛、担杆岛、东澳岛、西瑁洲、连岛、花鸟山岛、大万山岛，均为 100 分；簸箕岛、文岐岛等社区治理分指数值低于 10 分。社区治理分指数值主要集中在 70~100 分，高于 75 分的海岛占比 56.3% 左右，大于 90 分的海岛占 20% 左右。近 25% 的海岛社区治理能力建设方面较弱，部分海岛人口数量较少，海岛发展规划停滞，影响社区治理建设。

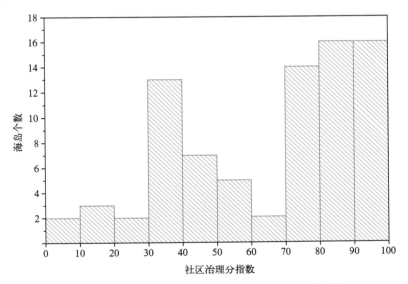

图 4.2-7　海岛发展指数社区治理分指数分布直方图

社区治理分指数的各指标表现差异较大(图 4.2-8)。总体而言,村规民约指标方面表现良好,82.5%的海岛村规民约指标得 100 分,成为分指数的促进因子。警务机构和社会治安满意度指标则表现出随机性,海岛的社会治安情况因岛各异。随着绿色发展理念的深入,开展科学的海岛规划管理,成为海岛可持续发展的必要条件,本次评价的海岛有近 60%制定并实施了相关海岛规划管理,但仍有约 40%的海岛未制定海岛发展相关规划,规划管理指标得分为 0,进而导致规划管理指标成为分指数的限制因子。海岛地区社区治理建设需进一步加强警务机构和社会治安满意度以及海岛规划管理建设。

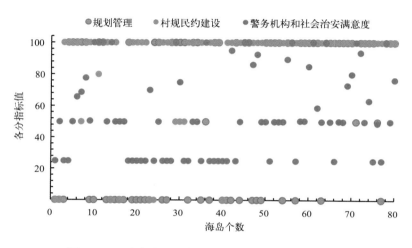

图 4.2-8　海岛发展指数社区治理分指数各指标分布

七、综合成效

海岛综合成效是正向加分指标,即评价对海岛的特色资源开展特别保护和在海岛实施可持续绿色发展措施等方面做出突出贡献的特色指标。选取海岛品牌建设,资源循环利用和可再生能源利用,自然和历史人文遗迹保护,珍稀濒危物种及栖息地、古树名木保护四项作为特色指标,反映海岛综合成效情况。从综合成效指标值来看(图 4.2-9),达到 10 分以上的海岛有 26 个,占评价海岛总数的 32.5%;完全无特色指标建设的占评价海岛总数的 26.3%。2016 年评价海岛综合成效平均值为 9.8,2017年平均值为 5.1,2018 年平均值为 6.3,介于 2016 年和 2017 年之间。总体而言,海岛综合成效在品牌建设,资源循环利用和可再生能源利用,古树名木保护等方面尚有较大发展空间。

海岛品牌建设是提高海岛知名度、提升全民海岛意识的重要手段之一。由图4.2-10 可知,在海岛品牌建设方面,黄渤海区位居首位,东海区和南海区差距较小,略落后于黄渤海区。上海崇明岛有 5 个 AAAA 级旅游景区和 5 个 AAA 级旅游景区,在

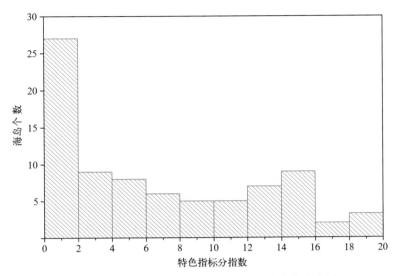

图 4.2-9 海岛发展指数综合成效指标值分布直方图

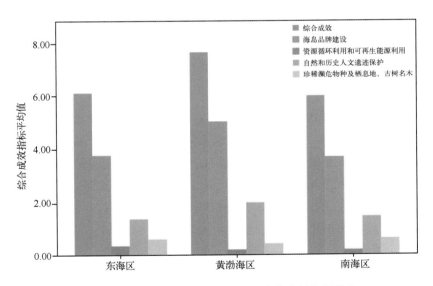

图 4.2-10 不同海区海岛发展指数综合成效指标分布

海岛特色文化宣传、重要滨海湿地和海岛森林植被宣传保护等方面建设成效突出，极大地提升了海岛知名度，2018 年度崇明岛海岛发展指数排名第一。

大力发展风能、潮汐能、太阳能等可再生能源，有助于解决海岛尤其是边远海岛的生活或生产供电难题，同时改善海岛生态环境质量。发展中水回收利用、固体废弃物循环利用等，有助于促进海岛产业转型升级和提质增效，推动海岛经济可持续发展。在资源循环利用和可再生能源利用方面，东海区稍领先于黄渤海区和南海区。总体上，在本次评价海岛中，在资源循环利用和可再生能源利用方面取得一定成效的海岛仅占20%。海岛资源循环利用和可再生能源利用工作中，在部分设备的后续管理和维护方面存在一定的脱节，导致海岛可再生能源项目的建设进程较为缓慢。海岛作为脆弱的生态系统，迫切需要在资源循环利用和可再生能源利用方面加强能力建设，实现海岛的可持续发展。

在自然和历史人文遗迹保护方面，黄渤海区海岛居首，其海岛特色资源保护工作整体较好；南海区和东海区海岛次之，尚有较大的完善空间。在海岛的地质历史和人类发展过程中，部分海岛塑造并保存了奇特的海岛地貌和具有特殊价值的人文遗迹，这些海岛自然和人文遗迹具有很高的科学研究和旅游观赏价值，是海岛发展的重要资源。

在珍稀濒危物种及栖息地、古树名木保护方面，不同海区总体水平均较低。我国海岛由于远离大陆，本底数据不全，珍稀濒危物种及栖息地、古树名木的信息整体上较匮乏，在一定程度上导致海岛相关保护方面的工作较薄弱。在快速发展海洋经济、海岛经济的今天，结合全国海岛海岸带重要生态系统保护和修复专项计划，摸清海岛典型生态系统、濒危珍稀物种及其栖息地、古树名木分布状况，并实施有效保护至关重要。

第三节　海岛发展指数变化分析

一、不同年度海岛发展指数变化

2018 年度针对 2016 年度评价的 23 个海岛开展海岛发展指数跟踪评价，2016 年 23 个评价海岛发展指数平均为 81.7±10.3，2018 年海岛发展指数平均为 86.3±8.8。2018 年海岛发展指数在 2016 年全国经济快速发展的基础上整体呈上升趋势，发展指数增幅约为 5.6%，其中经济发展增幅最大，约达 18.5%；其次为生态环境，增幅约达 9.0%；社会民生和文化建设两项在 2016 年时指标值较高，增长空间相对较小，增长率均约为 4.0%；增长幅度最小的是社区治理，仅约为 0.7%（表 4.3-1）。从图 4.3-1 中也可以看出，2018 年评价海岛在"五位一体"经济、生态、社会、文化、民生（社区治理）指标值建设水平方面均高于 2016 年。

表 4.3-1　海岛发展指数 2018 年较 2016 年增幅

海岛发展指数各分指数	增幅
经济发展	18.45%
生态环境	9.03%
社会民生	3.99%
文化建设	4.03%
社区治理	0.67%
海岛发展指数	5.57%

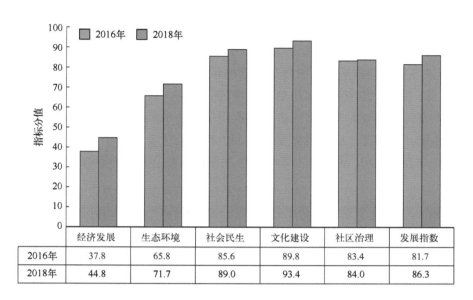

	经济发展	生态环境	社会民生	文化建设	社区治理	发展指数
2016年	37.8	65.8	85.6	89.8	83.4	81.7
2018年	44.8	71.7	89.0	93.4	84.0	86.3

图 4.3-1　2016 年和 2018 年海岛发展指数和分指数均值对比

二、不同主导开发类型海岛发展指数变化

不同主导产业对海岛发展水平影响较大，根据海岛主导开发类型，可将海岛分为工业型、旅游型和农渔业型。从整体来看（表 4.3-2 和图 4.3-2），2018 年不同产业类型的海岛发展指数较 2016 年均处于上升趋势。农渔业型海岛发展指标值增幅最大，约达 14.3%，其次为旅游型海岛和工业型海岛；在分指数方面，个别类型海岛存在一定的降幅。

工业型海岛经济发展分指数降幅较大，下降了约 12.6%，但总体上工业型海岛经济发展依然高于沿海省（自治区、直辖市）经济发展平均水平；社区治理方面也下降了约 5.0%。生态环境建设增幅明显，增长约四成，说明工业型海岛在经济发展过程中，更加注重生态环境的保护和海岛特色文化建设，海岛特色指标值增长约 34.3。工业型海岛尽管经济发展受到一定的制约，但"五位一体"综合发展总体得到改善。在社会民生和文化建设方面，工业型海岛 2016 年在这两项的得分均在 90 分左右，增长空间相对有限，2018 年增长幅度较小，分别约为 1.5% 和 2.0%。工业型海岛需进一步优化产业，在生态保护的同时，做到绿色经济可持续发展。

旅游型海岛各发展指标值整体呈上升趋势。其中，经济发展增幅最明显，增幅约达 28.0%。随着近年来旅游理念越来越趋于个性化，海岛旅游的开发模式不断创新，成为海岛产业发展的时尚和潮流。生态环境指标值增幅约 5.0%，社会民生、文化建设和社区治理尽管增幅空间较小，但依然呈增长状态，增长分别约为 3.4%、4.1% 和 4.4%。旅游型海岛特色文化建设总体较好，增幅较小。值得注意的是，尽管旅游型海岛发展指标值约达 88.7 分，但经济发展分指数仍不足 60 分，即低于沿海省（自治区、直辖市）经济发展平均水平。我国海岛地处热带和温带，大多数气候宜人，沙滩洁净，山石奇特，许多海岛保存着诸多历史文化遗迹、海防工程建筑、宗教庙堂以及渔乡民俗风情，丰富的旅游资源为海岛旅游发展提供了坚实的物质基础。与世界海岛旅游发达的地区相比，我国海岛旅游发展水平不高，普遍处于资源驱动型阶段，丰富的旅游资源未能充分合理利用，海岛旅游业需积极挖掘市场需求，提高资源利用率。

表 4.3-2　2018 年较 2016 年不同主导开发类型海岛发展指数变化情况

产业类型	海岛数量	发展指标值	经济发展	生态环境	社会民生	文化建设	社区治理	特色指标值
工业	4	+4.54%	−12.55%	+25.52%	+1.47%	+1.98%	−5.03%	+34.29%
旅游	11	+5.83%	+27.96%	+4.98%	+3.44%	+4.05%	+4.37%	+0.80%
农渔业	8	+14.34%	+139.23%	−4.89%	+9.14%	+9.24%	+3.88%	+22.13%

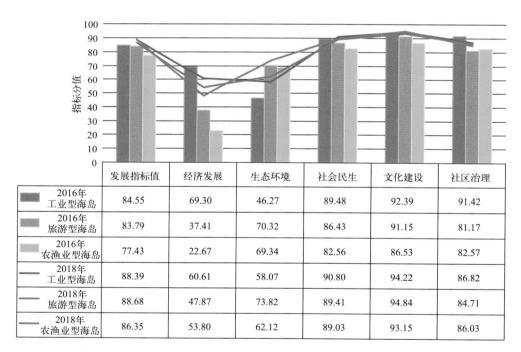

	发展指标值	经济发展	生态环境	社会民生	文化建设	社区治理
2016年工业型海岛	84.55	69.30	46.27	89.48	92.39	91.42
2016年旅游型海岛	83.79	37.41	70.32	86.43	91.15	81.17
2016年农渔业型海岛	77.43	22.67	69.34	82.56	86.53	82.57
2018年工业型海岛	88.39	60.61	58.07	90.80	94.22	86.82
2018年旅游型海岛	88.68	47.87	73.82	89.41	94.84	84.71
2018年农渔业型海岛	86.35	53.80	62.12	89.03	93.15	86.03

图 4.3-2　2016 年和 2018 年不同主导开发类型海岛发展指数对比

农渔业型海岛发展指数增幅最大，逐渐拉近了与工业型和旅游型海岛的发展差距。其中，海岛经济发展最为乐观，增幅翻了 1.3 倍以上，经济发展反超旅游型海岛，但经济发展过程中牺牲了一定的生态环境，生态环境指标值呈现逆增长。此外，特色指标值增加幅度明显，增长了约22.1%。总体而言，农渔业型海岛发展呈上升态势，社会民生和文化建设指标值分别增长约9.1%和9.2%，社区治理指标值增长约3.9%。近两年，传统农渔业型海岛逐渐向休闲渔业型产业转型，即将传统渔业与现代休闲活动相结合，对推进海岛产业结构调整和海岛经济发展起到积极作用。农渔业型海岛应在推进海岛产业升级的过程中注意生态环境的保护，在发展中践行"两山理论"①，实现农渔业资源与旅游资源的优化配置，以海岛农渔业与旅游业可持续发展为主题，以海岛农渔业设施、农渔业空间、海岛渔村自然环境和海岛人文资源为吸引力，增进旅游者对海岛渔村、渔业的体验，进而获得经济效益、社会效益和生态效益。

三、海岛发展指数分指数变化

1. 经济发展分指数

在经济发展分指数方面，总体增长18.5%，其中单位面积财政收入增幅32.1%，居民人均可支配收入增幅9.5%。不同海岛经济发展增幅情况各异，13个海岛处于正向增长，10个海岛处于负向增长（图4.3-3）。在单位面积财政收入方面，9个海岛单位面积财政收入处于负增长状态，居民人均可支配收入也有近一半的海岛处于负增长。综合经济发展有10个海岛处于负增长状态，绝大多数负增长达10%~20%。獐子岛经济衰退最明显，经济负增长达33.6%。总体而言，经济衰退不如经济增长明显，多数海岛经济增长至少翻了一倍。如花岙岛经济增长达303.6%，大俞山岛和南日岛经济增长也较为可观，分别增长175.3%和165.3%。花岙岛原为传统渔业型海岛，2017年经国家海洋局批准，设立象山花岙岛国家级海洋公园，海岛产业逐渐由传统渔业型向旅游型转型，经历两年发展后，海岛知名度逐渐打开，旅游人数增长，对经济发展起到积极推动作用。

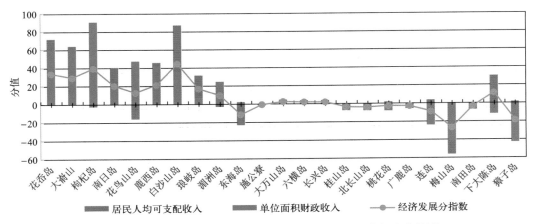

图4.3-3　2016年和2018年海岛经济发展分指数和指标变化情况

---

①　即"绿水青山就是金山银山"。

2. 生态环境分指数

在生态环境分指数方面，总体增长 9.0%，除自然岸线保有率外，其余分指标值均呈正向增长趋势（表 4.3-3）。其中，海岛周边海域水质达标率增幅最大，约达 82.5%。岛陆建设用地面积比例增幅约 6.0%，垃圾处理率和污水处理率分别增长约 4.9% 和 3.9%，植被覆盖率指标值增长幅度较小，仅约 1.0%。从单岛来看，海岛生态环境指标值整体处于上升趋势，有小部分海岛的该项指标处于逆增长状态，总体负增长幅度不大。从图 4.3-4 中可以看出，工业型海岛长兴岛生态环境指标值增幅最大，约达 86.5%，长兴岛在自然岸线保有率、海岛周边海域水质达标率、污水处理率方面增幅较大，2016 年污水处理率仅 50% 左右，2018 年污水处理率达 80% 左右，随着海岛污水处理设施的完备，海岛周边海域水质达标率明显提高。值得一提的是，长兴岛并未因加大生态环境管理和保护导致经济增长受约束，长兴岛经济发展增幅为 3.4%。

表 4.3-3　2016 年和 2018 年海岛生态环境分指数与指标均值

生态环境分指数各指标	2016 年	2018 年	增减幅度
自然岸线保有率	62.93	61.47	-2.32%
植被覆盖率	56.12	56.67	0.98%
污水处理率	65.90	68.44	3.85%
垃圾处理率	93.26	97.87	4.94%
岛陆建设用地面积比例	87.26	92.51	6.02%
海岛周边海域水质达标率	29.30	53.48	82.52%

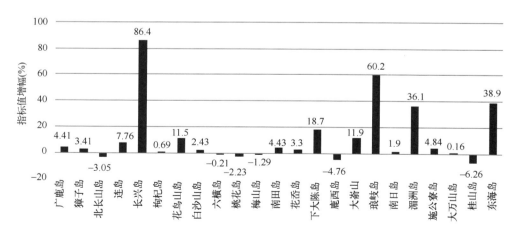

图 4.3-4　2016 年和 2018 年海岛生态环境指标值增幅

3. 社会民生分指数

在社会民生分指数方面，总体增长 4.0%，除每千名常住人口公共卫生人员数指标得分较低外，社会民生各项分指标相对较高，增长空间有限。从各指标来看（表4.3-4），本次评价的 23 个海岛基础设施完备状况基本维持不变，社会保障情况指标得分也基本维持不变；海岛防灾减灾设施指标得分增幅约 8.7%，对外交通条件也得到一定改善，指标得分增幅 5.1%，每千名常住人口公共卫生人员数指标得分相对较低，增长潜力较大，2018 年度增幅约达 19.6%。

表 4.3-4　2016 年和 2018 年海岛社会民生分指数和指标均值

社会民生分指数各指标	2016 年	2018 年	增减幅度
基础设施完备状况	99.13	98.83	−0.30%
防灾减灾设施	80.14	87.13	8.72%
对外交通条件	89.57	94.13	5.10%
每千名常住人口公共卫生人员数	48.39	57.85	19.55%
社会保障情况	92.46	91.76	−0.76%

4. 文化建设分指数

在文化建设分指数方面，总体增长 4.0%，其中教育设施情况 2016 年和 2018 年均为满分，符合《城市居住区规划设计标准》（GB 50180—2018）的要求。主要增长因子是人均拥有公共文化体育设施面积指标，增幅 18.0%，除个别海岛增幅出现负增长，其余基本处于增长趋势。2016 年人均拥有公共文化体育设施面积指标得分为 66.72，2018 年增长到 78.49。从图 4.3-5 中可以看出，2018 年的人均拥有公共文化体育设施面积指标值达 100 分的海岛数量明显增加。总体而言，海岛文化建设逐步完善。

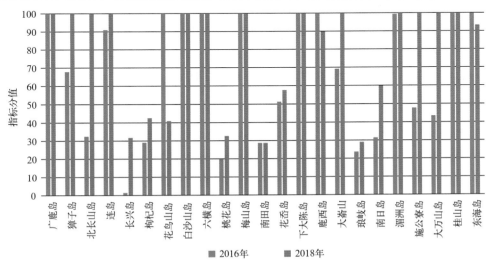

图 4.3-5　海岛不同年度人均拥有公共文化体育设施面积指标值

5. 社区治理分指数

在社区治理分指数方面，总体增长 0.7%。社区治理分指数主要由海岛规划管理、村规民约建设、警务机构和社会治安满意度三个指标构成，其中村规民约建设分指标在 2016 年和 2018 年基本维持满分。海岛规划管理分指标 2016 年平均分为 76.1，而 2018 年度增长 14.0%，指标得分 87.0。相较 2016 年，2018 年警务机构和社会治安满意度情况不容乐观，降幅达 21.0%（图 4.3-6）。

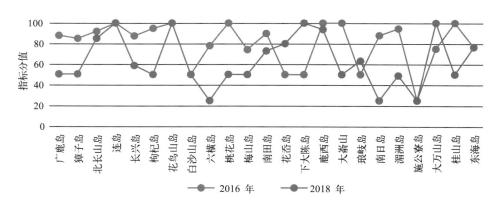

图 4.3-6 海岛不同年度警务机构和社会治安满意度指标值

6. 综合成效

综合成效分指数主要由珍稀濒危物种及栖息地、古树名木，自然和历史人文遗迹保护、海岛品牌建设、资源循环利用和可再生能源利用 4 个指标构成。海岛品牌建设指标两年的平均得分均为 7.0 左右，得分较高，且变动幅度不大。2018 年，北长山岛、琅岐岛、大嵛山、长兴岛等 9 个海岛开展了珍稀濒危物种及栖息地和古树名木的保护，20 个海岛开展了自然和历史人文遗迹的保护，与 2016 年基本一致。獐子岛、连岛、六横岛、下大陈岛等海岛具有风力发电、海洋能利用等资源循环利用和可再生能源利用工程。总体而言，海岛综合成效建设方面基本保持稳定。

第五章

辽宁省典型海岛生态指数和发展指数评价专题报告

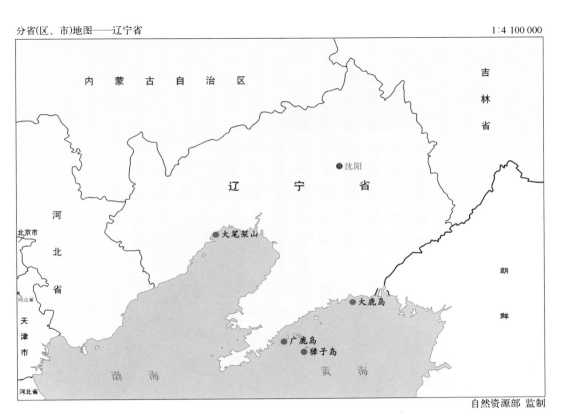

辽宁省典型评价海岛地理位置示意图

第一节　大鹿岛生态指数和发展指数评价

一、海岛概况

大鹿岛隶属辽宁省丹东东港市孤山镇（图 5.1-1），位于黄海东北部，距离大陆最短距离 7.2 km。大鹿岛面积 3.7 km²，岛陆建设用地面积占比 21.4%，植被覆盖率 77.7%。该岛岸线总长 11.3 km，自然岸线保有率约 40.3%，主要为基岩海岸（图 5.1-2）。

　　大鹿岛为村级有居民海岛，岛上有大鹿岛村。至 2018 年年底，岛上常住人口 3500 人。大鹿岛是 AAAA 级旅游景区，2017 年入选住房和城乡建设部"全国 2017 年改善农村人居环境示范村"、农业部"中国美丽乡村（民俗示范村）"。岛上有清末海军杰出爱国将领邓世昌雕像、明朝著名战将毛文龙碑亭、古树"嘎巴枣树"等自然与人文景观。

图 5.1-1　大鹿岛风貌

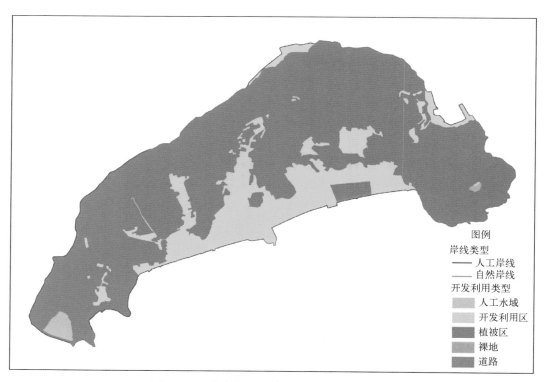

图例

岸线类型
—— 人工岸线
—— 自然岸线

开发利用类型
人工水域
开发利用区
植被区
裸地
道路

图 5.1-2　大鹿岛 2018 年岸线和开发利用类型

二、大鹿岛生态指数评价

大鹿岛 2018 年生态指数为 75.9，总体生态状况良（图 5.1-3）。

大鹿岛为基岩岛，表面覆盖风化层，岛上无明显改变地形地貌的开发利用活动，植被覆盖率较高。岛上交通路网完善，环岛路的修建改变了部分自然岸线，致使岸线保有率较低。岛上建有污水处理厂，处理能力 25.5 万 t/年。岛上垃圾主要通过外运形式处理，污水、垃圾对海岛环境影响微弱。在海岛保护方面，2014 年以来，岛上实施了两次海岛修复工程，基础设施、生态环境都有明显改善，已编制《东港市孤山镇大鹿岛总体规划》，为海岛保护与利用提供依据。

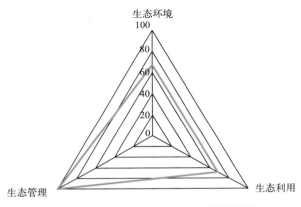

图 5.1-3 大鹿岛 2018 年生态指数评价

三、大鹿岛发展指数评价

大鹿岛 2018 年发展指数为 82.3，在评价的 80 个有居民海岛中排名第 26 位，处于中上水平（图 5.1-4）。

大鹿岛为 AAAA 级旅游景区，主要发展旅游业和渔业。该岛水、电、交通、防潮堤与污水处理等基础设施完善；有小学和中学（初中）各 1 所，教育设施较完善；岛上有医院 1 所，人均卫生医疗人员相对较少。2018 年该岛工业总产值约 2 亿元，农林牧渔业总产值约 5 亿元，旅游业总收入 3.8 亿元，全年接待游客量 28 万人次，人均可支配收入 2.7 万元。综合分析，大鹿岛在文化教育和生态环境方面尚好，社会保障、卫生医疗、警务机构建设与资源循环利用和可再生能源利用等方面均存在不足。

四、大鹿岛综合评价小结

大鹿岛拥有丰富的自然和人文历史景观资源，以渔业、旅游和加工业为发展产业，基础设施完善，经济发展向好。医疗、社会保障、警务机构建设、资源循环利用和可再生能源利用与生态环境保护等方面需要进一步加强。

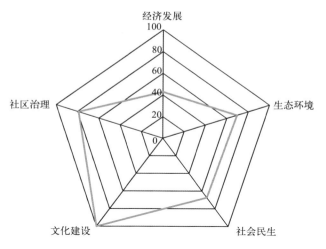

图 5.1-4 大鹿岛 2018 年发展指数评价

第二节 广鹿岛生态指数和发展指数评价

一、海岛概况

广鹿岛隶属辽宁省大连市长海县,是北黄海长山群岛面积最大的岛屿(图 5.2-1),属于近岸岛,距离大陆最短距离 12.4 km。广鹿岛总面积 26.8 km²,岛陆建设用地面积比例约 17.9%,植被覆盖率约 50.4%。该岛岸线总长 45.2 km,自然岸线保有率约 76.3%,岸线类型以基岩为主,砂质岸线次之(图 5.2-2)。

广鹿岛是国家级森林公园,AAA 级旅游景区。岛上有 3 个行政村,截至 2018 年年末,常住人口 1.3 万人。岛上有丰富的景观资源,大量的耕地以及国家文物保护单位小珠山遗址和辽宁省文物保护单位吴家村遗址等人文历史遗迹。

图 5.2-1 广鹿岛风貌

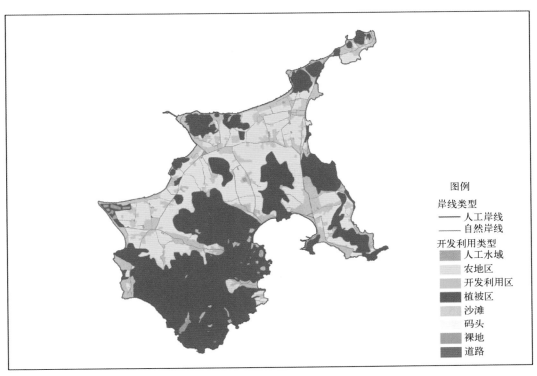

图例

岸线类型
—— 人工岸线
—— 自然岸线

开发利用类型

人工水域
农地区
开发利用区
植被区
沙滩
码头
裸地
道路

图 5.2-2　广鹿岛 2018 年岸线和开发利用类型

二、广鹿岛生态指数评价

广鹿岛 2018 年生态指数为 85.8，总体生态状况优，海岛保护与管理效果良好。

广鹿岛上风化层普遍覆盖，耕地资源丰富，旱田耕种也是自然植被覆盖率较低的决定因素。岛上未有明显改变地形地貌的开发利用活动，周边海域水质达标率得分较高，岛陆建设强度适宜。在海岛保护与利用管理方面，新编制实施《大连市广鹿岛镇总体规划（2017—2030）》及《大连市长海县广鹿乡柳条村规划（2017—2030）》《大连市长海县广鹿岛镇塘洼村规划（2017—2030）》《大连市长海县广鹿岛镇沙尖村规划（2017—2030）》等村镇规划。积极推进海岛生态保护工作，新建有 8 万 t/年处理能力的污水处理厂，处理率为 68%；垃圾以填埋为主，处理率为 80%。

广鹿岛 2016 年生态指数为 83.2，2018 年较 2016 年提高 2.6，海岛生态状况总体保持良好和稳定。在自然岸线保有率、岛陆建设和周边海域海水环境、规划制定和实施方面，广鹿岛保持良好状态；在植被覆盖率、污水处理率方面有所改善和提升（图 5.2-3）。

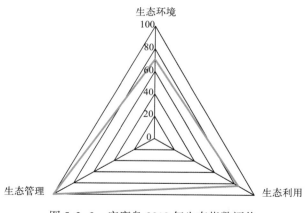

图 5.2-3　广鹿岛 2018 年生态指数评价

三、广鹿岛发展指数评价

广鹿岛 2018 年发展指数为 84.0，在评价的 80 个有居民海岛中排名第 25 位，处于中上水平(图 5.2-4)。

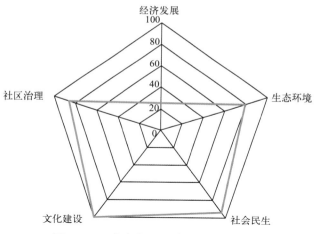

图 5.2-4　广鹿岛 2018 年发展指数评价

在经济发展方面，广鹿岛以旅游和养殖业为主，2018 年岛上居民人均可支配收入 2.5 万元，接近沿海省(自治区、直辖市)平均水平，但其单位面积财政收入水平远低于沿海省(自治区、直辖市)平均水平，反映出海岛在财政创收方面不强，经济发展分指数得分较低。在生态环境方面，自然岸线保有率、周边海域水质达标率得分均较高，生态环境总体良好；而植被覆盖率与污水处理率较低，是海岛生态环境评分较低的主要影响因素。在社会民生方面，广鹿岛水、电、海岛交通等基础设施较为完善，基本满足海岛居民生活与经济社会发展需要；医保、社保覆盖率高，但医疗卫生人员不足。在文化建设方面，广鹿岛有中学、小学各一所，能够满足当地教育需求；人均文化体育设施面积高于全国平均水平。在社区治理方面，编制并实施了乡级和村级规划，村规民约覆盖所有行政村，警务机构和社会治安满意度较高。

广鹿岛2018年与2016年综合发展水平基本持平。与2016年相比，2018年广鹿岛在社会民生和文化建设方面较好，保持稳定；生态环境方面有所改善，主要是污水处理率和植被覆盖率有所提升；经济发展水平仍然不高；社区治理方面仍处在较高水平，但由于治安满意度降低，得分有所下降。

四、广鹿岛综合评价小结

广鹿岛的面积、景观、淡水、土壤资源等自然条件和生态环境优势明显，其在社会民生、社区治理和文化建设方面的工作也取得较好成绩，但在经济方面仍未取得突破，经济发展速度落后于其他海岛地区，产业转型调整和升级任务仍然艰巨。

第三节　獐子岛生态指数和发展指数评价

一、海岛概况

獐子岛隶属辽宁省大连市长海县獐子岛镇，位于北黄海的长山群岛（图5.3-1）。据传昔日岛上獐子成群而得名獐子岛。獐子岛距离大陆最短距离47.8 km，属于近岸海岛。海岛总面积8.9 km²，岛陆建设用地面积比例约32.6%，植被覆盖率约64.7%。该岛岸线总长28.6 km，以基岩海岸为主，砂质海岸和淤泥质海岸均有分布，自然岸线保有率约76.3%。（图5.3-2）

图5.3-1　獐子岛风貌

獐子岛有东獐子、沙包子和西獐子3个社区，截至2018年年末，常住人口约1.0万人。獐子岛上海蚀地貌发育普遍，海蚀崖雄伟壮观、高大悬垂，海蚀柱"鹰嘴石"独具特色，拥有李墙屯遗址、沙泡屯遗址等历史人文遗迹。2018年獐子岛实现农渔业总产值14.2亿元，居民人均可支配收入3.1万元。獐子岛镇沙包子社区、海洋岛镇盐场村获得辽宁省"美丽乡村示范村"称号。

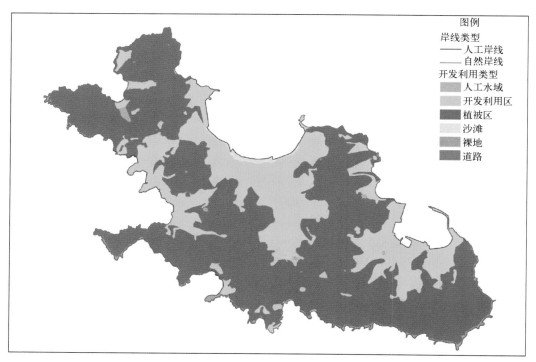

图 5.3-2　獐子岛 2018 年岸线和开发利用类型

二、獐子岛生态指数评价

獐子岛 2018 年生态指数为 85.8，总体生态状况优(图 5.3-3)。

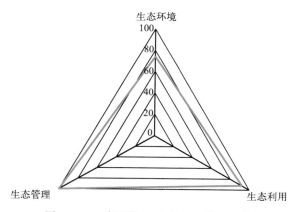

图 5.3-3　獐子岛 2018 年生态指数评价

獐子岛植被覆盖率和自然岸线保有率都较高，周边海域水质优于国家第二类海水水质标准；岛陆建设用地面积比例适宜，垃圾处理率 100%，污水处理率 90%；已编制并实施《獐子岛镇总体规划2018—2030年》。

獐子岛2018年生态指数为85.8，较2016年提高2.0，海岛生态状况总体保持良好和稳定。獐子岛自然岸线保有率、周边海域海水环境、规划制定和实施方面保持良好状态和稳定；2018年海岛植被覆盖率和岛陆建设用地面积比例指标值均略有下降；完成獐子岛镇中心污水处理厂升级改造主体工程，污水处理方面显著改善和提升，近年还规划投资700余万元，分别在南滩屯、二大滩屯和大道沟屯新建三座小型生活污水处理站，提高海岛生活污水处理能力。综合来说，2018年獐子岛在生态环境和规划管理方面保持了稳定，在生态利用方面稳中有升，生态状况综合表现良好。

三、獐子岛发展指数评价

獐子岛2018年发展指数为79.4，在评价的80个有居民海岛中排名第31位。

在经济发展方面，獐子岛单位面积财政收入和居民人均可支配收入均明显少于全国沿海省（自治区、直辖市）平均水平。在生态环境方面，植被覆盖率、自然岸线保有率、岛陆建设用地面积比例、周边海域水质达标率、污水处理率、垃圾处理率均表现较好。在社会民生方面，基础设施与对外交通都满足基本生活与经济发展需求。在文化建设方面，建有小学和中学各一所，可满足基本义务教育需求，而岛上人均拥有公共文化体育设施面积明显低于全国平均水平。在社区治理方面，已编制并实施《獐子岛镇总体规划2018—2030年》，村规民约全覆盖，而警务机构和社会治安满意度较低，仅达到50%。总体上，獐子岛发展指数评价各指标较为均衡，主要问题是经济发展较为薄弱，社会民生、文化建设和社区治理仍需继续完善（图5.3-4）。

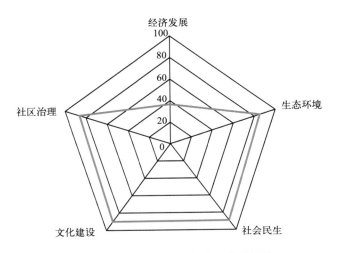

图 5.3-4　獐子岛 2018 年发展指数评价

獐子岛海岛发展指数从 2016 年的 93.1 降至 2018 年的 79.4，变化显著。与 2016 年相比，2018 年獐子岛在生态环境和社会民生方面有所改善，在文化建设方面保持稳定，但经济发展和社区治理却有明显退步。在指标方面，污水处理率、对外交通条件、公共卫生人员配备情况均有显著提高；而财政收入、社会治安满意度则显著下降，反映出獐子岛财政收入增速不及沿海省(自治区、直辖市)，海岛社区治理的满意度不高。

四、獐子岛综合评价小结

獐子岛是渔业强岛，近年来，积极推动海岛产业向"渔业+旅游"转型升级，推动发展渔业第二产业和第三产业旅游业。作为长海国际旅游区的一部分，獐子岛定位为国际海钓小镇，积极拓展旅游产品，旅游配套设施和服务向标准化、精品化、主题化发展。2018 年成功举办"穿越北纬 39 度·2018 大连獐子岛月光马拉松"比赛、獐子岛镇第十九届渔民节、獐子岛原产地野生海参大雪采捕等活动和赛事。獐子岛立足于生态发展，生态状况保持良好稳定，但经济发展的持续动力、产业的转型升级、岛民收入的显著提高、社会民生的进一步完善仍是发展面临的重要问题。

第四节　大笔架山生态指数评价

一、海岛概况

大笔架山隶属辽宁省锦州市滨海新区王家街道，属于近岸海岛，是无居民海岛。因其形状如笔架，又比对面的小笔架山大，因而得名大笔架山(图 5.4-1)。

大笔架山面积 0.053 km²，岸线长 2.6 km，以人工岸线为主(图 5.4-2)。大笔架山北侧发育一条长约 1 650 m，由大小不等的砾石、粗砂组成的连接海岛与大陆的连岛沙坝，俗称"天桥"。其在海中时隐时现，涨潮时淹没，退潮时则露出滩面，是世界上最完整地保留了原生态地貌特征、最典型的陆连岛。"天桥"主要由于大笔架山前方迎浪区受到侵蚀，碎屑物质被海流携带至岛屿北侧波影区堆积而形成，因此是自然营力塑造而成，具有较高的观赏和研究价值。

大笔架山是国内罕见的典型的道、儒、佛三教合一的寺庙分布区。大笔架山建筑群列入辽宁省文物保护单位，岛上原有明代古建筑，被毁后于民国时期修复五老圣宫、三清阁、吕祖亭、太阳殿、万佛堂等。

大笔架山岛是辽东湾重要旅游海岛，AAAA 级旅游景区。2018 年旅游业总收入 2 650 万元，全年接待游客 50 万人次。

在国家生态修复资金支持下，大笔架山先后开展连岛沙坝(天桥)整治修复项目、国家级海洋特别保护区能力建设与景观修复工程项目、蓝色海湾整治行动项目等，对海岛原有的地貌风采进行了恢复和修复，对发展生态旅游、可持续利用海岛起到了推进作用。

图 5.4-1　鸟瞰大笔架山岛

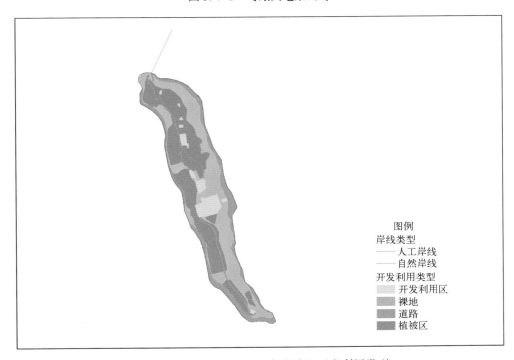

图 5.4-2　大笔架山 2018 年岸线和开发利用类型

二、大笔架山生态指数评价

大笔架山 2018 年生态指数为 61.6，生态状况处于中等水平（图 5.4-3）。

大笔架山植被覆盖率较低，周边海域水质良好，实现垃圾 100% 处理，海岛岛陆建设强度较低，但自然岸线保有率偏低，岸线人工化率高，没有污水处理设施，对海岛及周边海域生态环境造成一定影响。海岛已实施《锦州大笔架山岛保护和利用规划》。

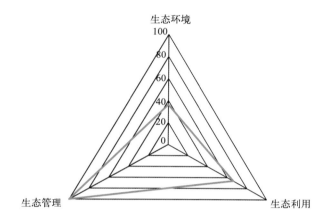

图 5.4-3　大笔架山岛生态指数评价

第六章

河北省和山东省典型海岛生态指数和发展指数评价专题报告

分省(区、市)地图——河北省　　　　　　　　　　　　1:3 700 000

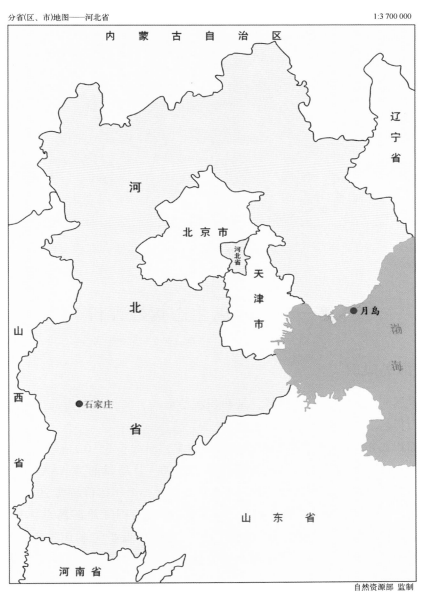

自然资源部 监制

河北省典型评价海岛地理位置示意图

第六章　河北省和山东省典型海岛生态指数和发展指数评价专题报告

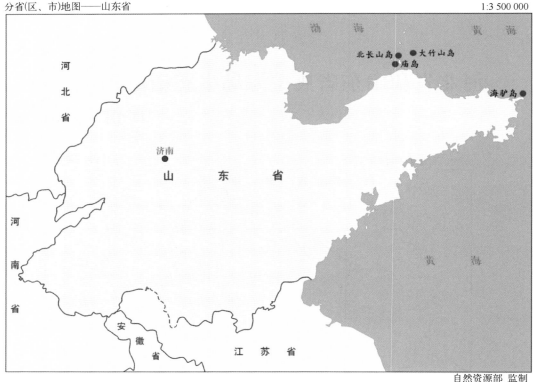

自然资源部 监制

山东省典型评价海岛地理位置示意图

第一节　月岛生态指数评价

一、海岛概况

月岛隶属河北省唐山市乐亭区，是冲积泥沙海岛，属无居民海岛。因岛体形状像一弯新月而得名。

月岛面积 2.8 km²，岸线类型以沙泥岸线为主，岸线长 35.0 km。月岛植被类型以盐碱植被为主，种类较为单一，植被覆盖率 17.4%。月岛目前为 AAAA 级旅游景区、省级旅游度假区，2018 年旅游业总收入 3 020.2 万元，全年接待游客 29.6 万人次。月岛与菩提岛、祥云岛合称为"唐三岛"，已实施《唐山湾国际旅游岛总体规划》《唐山湾三岛海岛保护与利用规划（2009—2020）》，实施海岛保护与利用工程、"国家级海岛开发利用示范基地"建设、"省级旅游综合改革实验区"建设等。月岛西南部位于河北乐亭菩提岛诸岛省级自然保护区内，是候鸟迁徙的重要停歇地和中转站（图 6.1-1 至图 6.1-3）。

图 6.1-1 月岛植被

图 6.1-2 月岛旅游设施

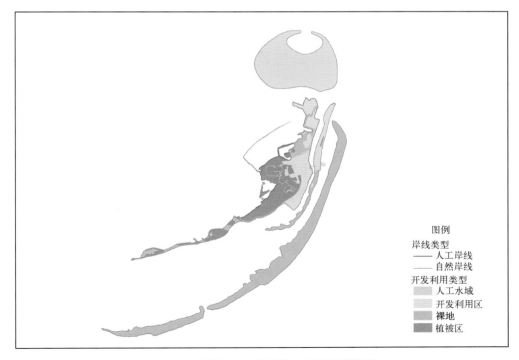

图 6.1-3 月岛 2018 年岸线和开发利用类型

二、月岛生态指数评价

月岛 2018 年生态指数为 83.7，生态状况为优（图 6.1-4）。

月岛为泥沙岛，自然植被主要分布在海岛中部和西南部，植被覆盖率不高，自然岸线保有率较高，周边海域水质良好，实现污水和垃圾 100% 处理，海岛岛陆建设强度较低，总体生态状况为优。2018 年海岛未发生违法用海、用岛行为，未发生重大生态破坏事件。

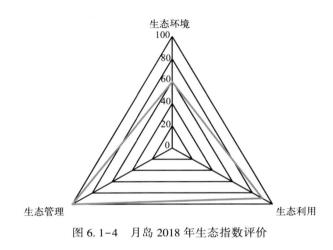

图 6.1-4　月岛 2018 年生态指数评价

第二节　北长山岛生态指数和发展指数评价

一、海岛概况

北长山岛隶属山东省烟台市长岛县北长山镇，是乡镇级有居民海岛。该岛位于南长山岛北侧，岛略呈长条形，长轴北西向延展，南部与玉石街大坝与南长山岛相连，为庙岛群岛第二大岛。在历史上，南长山岛与北长山岛合并称为长山岛，清代开始，有南长山岛和北长山岛之分，其相对于南长山岛而得名。

北长山岛面积为 8.1 km²，岸线长度为 22.5 km，以基岩岸线为主，分布有沙砾质岸线和人工岸线，植被覆盖率为 56.3%（图 6.2-1）。北长山岛位于长岛国家级自然保护区内，旅游资源丰富，以自然景观和历史文化资源为主，如九叠石塔、九丈崖和月牙湾等。九丈崖位于北长山岛西北部，西依珍珠门水道，北临国际航线长山水道，是长岛较早开发的旅游景点之一。岛上有珍珠门遗址、店子村遗址、店子古窑址、店子汉墓群、北城遗址等古文化遗址。

北长山镇以扇贝养殖和"渔家乐"旅游服务业为主要产业。北长山岛周围海域水质肥沃，盛产鱼、虾、贝、藻等100多种海产品，其中鲍鱼、海参、海胆、栉孔扇贝等海珍品享誉国内外。北长山岛在扇贝规模化养殖的基础上，引导企业不断优化产业模式、拓宽产业链条，将扇贝产业由传统的粗加工向精深加工领域拓展。2018年，新上扇贝生产线1条、单冻机2台，使扇贝日最大加工量增长到1 750 t；同时，投资820万元建设环保处理设备，实现扇贝加工废水无害化处理，减少污水排放120 t，实现废水利用率90%、节水5 000 m³，安装扇贝壳粉碎设备，将扇贝壳粉碎外运，实现了乡村产业振兴和生态环境建设有机融合。全岛依托景区推动"渔家乐"特色产业发展，开展典型示范推广和"民俗文化村"创建工作，推广"渔家乐"协会化管理、公司化经营模式，各渔村全部成立了"渔家乐"协会并安排专人对渔家乐经营进行统一管理服务，全面提升"渔家乐"管理水平。2018年，北长山岛共接待游客43.5万人次。

图6.2-1　北长山岛2018年岸线和开发利用类型

二、北长山岛生态指数评价

北长山岛2018年生态指数为85.2，海岛生态系统较为稳定，总体生态状况优。

北长山岛植被覆盖率、自然岸线保有率和周边海域水质达标率得分较高，海岛生态环境良好。海岛岛陆建设强度较适宜，垃圾处理率100%，污水处理率尚未达到

100%，对海岛生态环境产生一定的影响，需要改进。在海岛生态保护方面，已经制定并实施了相应的海岛规划，并设置了保护区和保护标志，明确了保护对象、保护范围和保护措施等(图 6.2-2)。

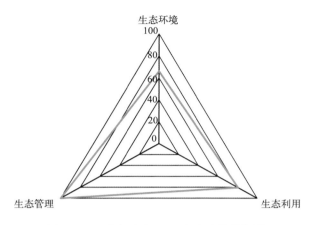

图 6.2-2　北长山岛 2018 年生态指数评价

三、北长山岛发展指数评价

北长山岛 2018 年发展指数为 91.5，在评价的 80 个有居民海岛中排名第 9 位。

在经济发展方面，北长山岛的单位面积财政收入和居民的人均可支配收入较低，经济实力相对较弱。在生态环境方面，北长山岛植被覆盖率、自然岸线保有率和周边海域水质达标率得分较高，海岛生态环境保持良好，污水处理率较低，影响了海岛的生态环境。在社会民生方面，北长山岛的电力、供水、通信等基础设施较为完备，社会保障覆盖率达到 85%，医疗卫生人员相对较少。在文化建设方面，教育设施情况和人均拥有公共文化体育设施面积得分较高。在社区治理方面，规划管理、村规民约建设及社会治安满意度均表现良好。综合分析，北长山岛经济发展相对较弱，生态环境和社会民生方面存在不足，文化建设和社区治理方面发展良好(图 6.2-3)。

四、北长山岛综合评价小结

北长山岛渔业资源和旅游资源丰富，生态环境良好，基础设施和民生保障较好，发展潜力较大。在探索渔业产业升级，延长产业链及提质增效方面，北长山岛进行了探索和实践。围绕"渔家乐"，开发优质旅游产品，提升旅游服务品质，在实施生态环境保护、治理与生态修复同时，提升了旅游环境，实现了生态环境与产业协同综合发展。

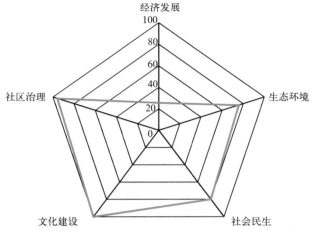

图 6.2-3　北长山岛 2018 年发展指数评价

第三节　庙岛生态指数和发展指数评价

一、海岛概况

庙岛隶属山东省烟台市长岛县北长山乡，是村级有居民海岛。该岛位于庙岛群岛南部岛群的中央地带，呈近南北向展布，两端突出成岬角，中部近长方形，南部东部多山，西部为狭长平坦地带，北部四周平坦，中间有一孤立山丘。庙岛古称沙门岛，后因岛上建有庙宇，清朝时以庙命名，称为庙岛。

庙岛面积为 1.4 km²，岸线长度为 7.6 km，以人工岸线为主，分布有基岩岸线和沙砾质岸线，植被覆盖率 64.3%。庙岛上的人文遗迹较多，主要有显应宫、古庙址和古城址等，岛上还设有航海博物馆。其中，"显应宫"是我国北方建造最早、规模最大，也是唯一由官方建造的妈祖庙。该庙始建于北宋宣和四年（1122 年），初为沙门岛佛院，明崇祯元年下诏立官庙，对妈祖庙进行了大规模的扩建，御赐匾额"显应宫"。

在庙岛的港湾内，以养殖扇贝等海产品为主。目前，庙岛污水设施不完善，污水处理率为 0。渔村公共环境卫生实行管理责任制，生活垃圾定点、定期集中处理，实现垃圾处理率 99%。全岛铺设了海底通信电缆和输电电缆，实现了 100% 海陆移动通信和集中无限时供电。岛上建有客货码头，主要用于客运和客滚货运。

2018 年，庙岛先后实施了大环境整治、渔村"六化"①建设、冬季燃煤治理、辖区绿化美化、海湾治理、养殖腾退等多项保护与修复工程，推进生态海岛和渔村美化建设。近岸养殖设施拆迁和近海养殖设施逐步腾退有序开展，拆除养殖大棚约 15 000 m²，

————————

① "六化"即道路硬化、街道亮化、能源清洁化、垃圾污水处理无害化、村庄绿化美化、生活健康化。

拆除生产用锅炉 30 余套。渔村"六化"建设全部完成，亮化工程实现村内主干道全覆盖，种植小龙柏、兰树等绿植 4 000 余株，共计绿化面积 2 000 m²，种植果树、草皮等，完成裸露山体及裸露土坡绿化整治；大力推广清洁燃煤和清洁炉具；投资 38 万元在庙岛显应宫南侧修建 500 m² 的庙岛休闲文化主题广场(图 6.3-1 和图 6.3-2)。

图 6.3-1　庙岛生态治理前后变化(左为治理前，右为治理后)

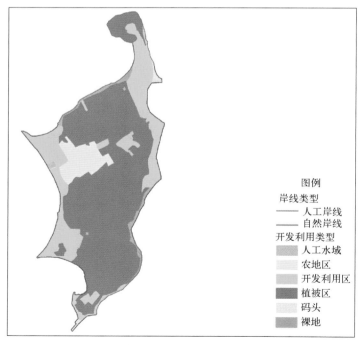

图 6.3-2　庙岛 2018 年岸线和开发利用类型

二、庙岛生态指数评价

庙岛2018年生态指数为66.1，总体生态状况良（图6.3-3）。

庙岛自然岸线保有率较高，植被覆盖率和周边海域水质达标率得分较高，海岛生态环境保持良好。海岛岛陆建设强度较小，但环境保护设施未能满足需要，污水处理率和垃圾处理率尚未达到100%，对海岛生态环境具有一定的影响，需要改进。在海岛的生态保护方面，已经制定和实施了海岛保护规划，重视生态环境的修复。

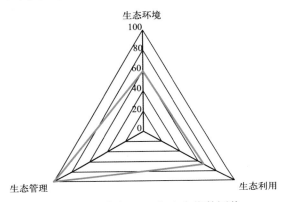

图6.3-3　庙岛2018年生态指数评价

三、庙岛发展指数评价

庙岛2018年发展指数为70.9，在评价的80个有居民海岛中排名第41位（图6.3-4）。

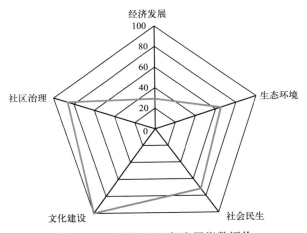

图6.3-4　庙岛2018年发展指数评价

在经济发展方面，庙岛的单位面积财政收入和居民的人均可支配收入较低，经济实力相对较弱。在生态环境方面，庙岛植被覆盖率、周边海域水质达标率和垃圾处理率较高，自然岸线保有率和污水处理率较低，影响了海岛生态环境得分。在社会民生方面，庙岛供电、供水、海岛交通等基础设施较为完备；社会保障情况较差，该岛的医疗卫生人员相对较少，医疗服务不足。在文化建设方面，教育设施和公共文化体育设施较为完备。在社区治理方面，规划管理、村规民约建设表现良好；社会治安满意度相对较差。综合分析，庙岛经济发展相对较弱，生态环境和社会民生存在不足，文化建设和社区治理方面表现良好。

四、庙岛综合评价小结

庙岛经济发展相对较弱，生态环境和社会民生方面存在不足。此外，海岛岸线利用程度较高。因此在发展经济、加速产业升级的同时，应继续加强社会民生建设，提高医疗服务能力，提升海岛岸线生态化水平，加强污水处理设施建设，保护岛上生态环境。

第四节　大竹山岛生态指数评价

一、海岛概况

大竹山岛隶属山东省烟台市长岛县，是长岛县面积最大的无居民海岛。该岛位于庙岛群岛中部的东端海域，岛形似火腿，呈西北—东南走向，南距大陆最近的蓬莱角约27 km。元代名大竹岛，清光绪年间编修的《蓬莱县志》记载，大竹山上产竹，因而得名。

大竹山岛面积为 1.5 km²，岸线长度为 6.1 km，以自然岸线为主，分布有基岩岸线、砾质岸线和人工岸线，植被覆盖率超过 90%（图 6.4-1）。大竹山岛上建有陆岛交通码头、有可通行汽车的盘山公路。大竹山岛上自然生长的树木甚少，大部分由人工种植，植树造林历史悠久。大竹山岛位于长岛国家级自然保护区内。

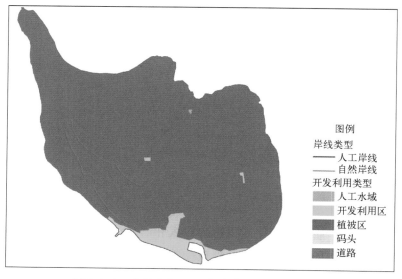

图 6.4-1　大竹山岛 2018 年岸线和开发利用类型

二、大竹山岛生态指数评价

大竹山岛 2018 年生态指数为 92.8，海岛生态系统较为稳定，总体生态状况优(图 6.4-2)。

大竹山岛植被覆盖率、自然岸线保有率和周边海域水质达标率得分较高，海岛生态环境保持良好。海岛开发利用程度较低，垃圾和污水处理率达到 100%，海岛环境治理较好。在海岛生态管理方面，未制定相关的海岛规划。

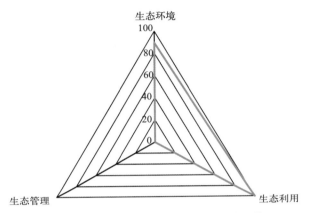

图 6.4-2　大竹山岛 2018 年生态指数评价

第五节　海驴岛生态指数评价

一、海岛概况

海驴岛隶属山东省威海市荣成(县级市)，是无居民海岛。该岛位于荣成成山头西北的大海中，是一个甚为独特的小岛。隔海望去，悬崖陡壁，一群群海鸥往来盘旋其上，整个海岛状似一只瘦驴卧于海中，所以得名海驴岛。由于岛上海鸥很多，而当地人称海鸥为"海猫子"，所以海驴岛又被称为海猫岛。

海驴岛位于成山头国家级自然保护区内，面积为 0.086 km²，岸线长度为 2.3 km，均为自然岸线，植被覆盖率 40.3%(图 6.5-1)。海驴岛保持原始海岛风光，岛上长有成片的芙蓉丛、芦苇和野枣树，周围岩石被海浪冲蚀得危峰兀立、怪石嶙峋，与海潮、波涛、鸥鹭共同构成风景独特的海岛风貌。海驴岛是黑尾鸥和黄嘴白鹭的繁殖地。其中，黄嘴白鹭是世界濒危物种，据统计，全球的黄嘴白鹭不到 3 000 只，而每年来到海驴岛上繁殖的种群约有 1 000 只，是黄嘴白鹭的最大繁殖种群，其种群数量极少，弥足珍贵。每年春夏，数以万计的黑尾鸥也登岛繁衍，因此，海驴岛也称为"鸥鹭王国""中国黑尾鸥之乡"。2016 年，海驴岛获得国家"十大美丽海岛"特别提名，2017 年被评选为"齐鲁美丽海岛"。海驴岛上建有游客观鸟台、钓鱼台、穿山隧道、盘山小径、听涛轩等旅游设施，为了更好地保护鸟类栖息地，现已禁止游客登岛游玩，但可以乘船环岛参观。

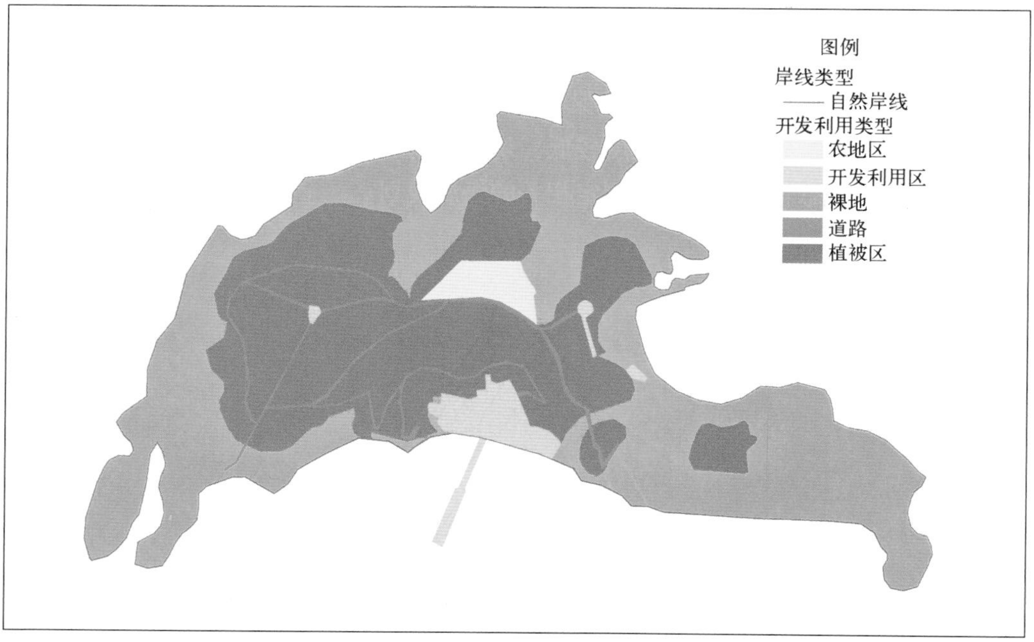

图 6.5-1 海驴岛 2018 年岸线和开发利用类型

二、海驴岛生态指数评价

海驴岛 2018 年生态指数为 86.1，总体生态状况优(图 6.5-2)。

海驴岛自然岸线保有率和周边海域水质达标率得分较高，植被覆盖率得分相对较低，海岛生态环境良好。海岛岛陆建设强度较低，污水和垃圾处理率均达到 100%，对海岛生态环境的影响较小。在海岛生态保护方面，未制定和实施相关的单岛保护规划和措施。

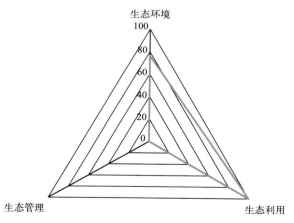

图 6.5-2 海驴岛 2018 年生态指数评价

第七章

上海市典型海岛生态指数和发展指数评价专题报告

分省(区、市)地图——上海市

1:1 00 000

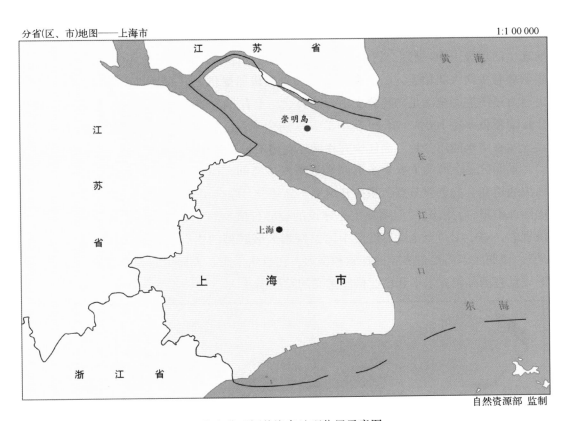

自然资源部 监制

上海市典型评价海岛地理位置示意图

第一节　崇明岛生态指数和发展指数评价

一、海岛概况

崇明岛隶属上海市，是"崇明三岛"之一，也是崇明县政府所在海岛，常住人口约53.9万人。唐代时，长江口涨起了东西并列的两个沙洲，略小的东沙呈圆形，像个太阳，较大的西沙呈卧蚕状，两头尖尖，恰似一轮弯月，日月并列而成"明"；"崇"字有"高"意，高出水面故曰"崇"，后东、西沙洲合一，崇明岛之名沿用至今。

崇明岛面积为 1 130.2 km²，是我国第三大海岛，也是最大的河口冲积岛。崇明岛岸线长度为 204.2 km，自然岸线保有率为 94.8%，岸线类型主要为自然生态岸线，海岸盐沼广布（图 7.1-1）。崇明岛自然植被覆盖率为 8.9%。崇明岛上有"崇明学宫"等省级以上文物保护单位 2 处和瀛洲古调等省级以上非物质文化遗产 19 项，岛上还有100 余株古树名木。崇明岛东部有个东滩候鸟保护区，属典型的河口湿地，崇明东滩被湿地国际·亚太组织列入"东亚澳大利亚涉禽保护区网络"成员名单，为国际重要湿地。

2018 年崇明岛实现地方财政收入 256.4 亿元，居民人均可支配收入为 36 647 元。实现生活垃圾 100%处理，污水集中处理率超过 90.0%；实现集中无限时供水、供电。崇明岛有桥同大陆相连，岛上有公交车和轮渡班船提供公共交通进出海岛，但公共交通运力还不能完全满足岛陆公交出行需要。岛上有 34 所卫生医疗机构，养老保险和医疗保险覆盖率达 100%。有 29 所小学，37 所中学，公共文化体育设施面积近 20 万 m²。岛上建有中水回用工程、固体废弃物循环利用工程和分布式光伏项目。

崇明区是上海的重要生态屏障和战略发展空间，而崇明岛作为长江生态廊道与沿海大通道交会的重要节点，积极开展生态岛建设。联合国规划署发布的《崇明岛生态岛国际评价报告》指出，"崇明岛生态建设的核心价值反映了联合国环境规划署的绿色经济理念，对中国乃至全世界发展中国家探索区域转型的生态发展模式具有重要借鉴意义"。崇明生态岛经过多年的探索和努力，在自然生态、人居生态和产业生态方面正在形成具有国际领先水平和广泛借鉴意义的发展模式。

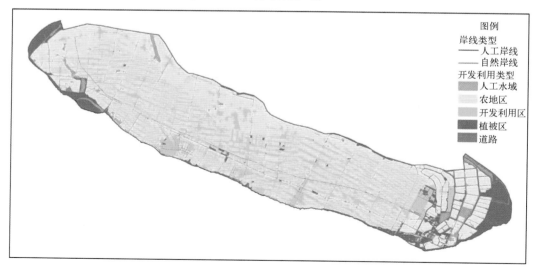

图 7.1-1　崇明岛 2018 年岸线和开发利用类型

二、崇明岛生态指数评价

2018 年崇明岛生态指数为 79.3，生态状况为良（图 7.1-2）。

在生态环境方面，崇明岛植被覆盖率低，岛上农田面积占比高达 60％以上；海岛岛陆建设强度适宜，自然岸线保有率高，但周边海域水质较差。在生态利用方面，垃圾处理率达 100％，主要处理方式为焚烧；岛上有污水处理厂，处理能力为 2 190 万 t/年，污水处理率 90.9％。在生态管理方面，崇明岛制定了《崇明区总体规划暨土地利用总体规划（2017—2035）》。2018 年海岛未发生违法用海、用岛行为，未发生重大生态破坏事件。

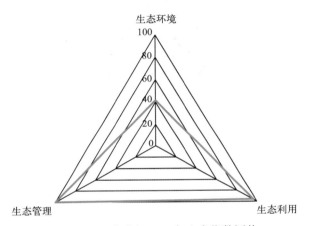

图 7.1-2　崇明岛 2018 年生态指数评价

三、崇明岛发展指数评价

崇明岛 2018 年发展指数为 97.2，在评价的 80 个有居民海岛中排名第一位。

在经济发展方面，崇明岛单位面积财政收入和居民人均可支配收入均高于沿海省（自治区、直辖市）平均水平，海岛经济发展实力较强，经济发展分指数得分较高。在生态环境方面，海岛自然岸线保有率高，海岛岛陆建设强度较低，岛上污水和垃圾处理率均高达 90％以上，但海岛植被覆盖率低和海岛周边海域海水水质差，使生态环境分指数总体得分处于中等水平。在社会民生方面，崇明岛基础设施完备，防灾减灾能力满足需求，社会保障覆盖率高，对外交通条件和医疗卫生条件略微不足，总体社会民生指数得分高。在文化建设方面，海岛教育设施齐全，可满足海岛基础教育需求，但人均拥有公共文化体育设施面积较少，文化建设分指数得分中等。在社区治理方面，崇明岛已制定相关规划，村规民约覆盖全部行政村，社会治安满意度方面有所欠缺，总体社会治理分指数得分高。在综合成效方面，崇明岛建设有固体废弃物循环利用工程 2 处；新能源利用工程建设也走在前列，共有 16 个企业开展分布式光伏项目，总计共 1 477 户（处）；2018 年海岛未发生刑事案件、重大污染事故、生态破坏事件、安全事故等（图 7.1-3）。

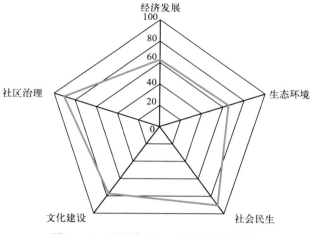

图 7.1-3　崇明岛 2018 年发展指数评价

四、崇明岛综合评价小结

综上所述，崇明岛生态状况为良，发展指数排名第一位，反映出崇明岛生态环境整体状况良好，综合发展成效显著。崇明岛通过优化完善城乡规划体系，强化生态文明理念，依托创建全国县级文明城市契机，形成共同推动生态岛建设的社会新风尚。海岛经济基础好、环境治理能力较强、基础设施完善、社区治理到位，但海岛植被覆盖率低和海岛周边海域水质差是制约海岛经济、社会和生态发展的重要因素。应提升治水能力，加强耕地环境监测和风险评价，谨防农田面源污染对海岛周边海域水质的污染，同时应加大增绿造林力度。

第八章

浙江省典型海岛生态指数和发展指数评价专题报告

分省(区、市)地图——浙江省　　　　　　　　　　　　　　　　　1:3 300 000

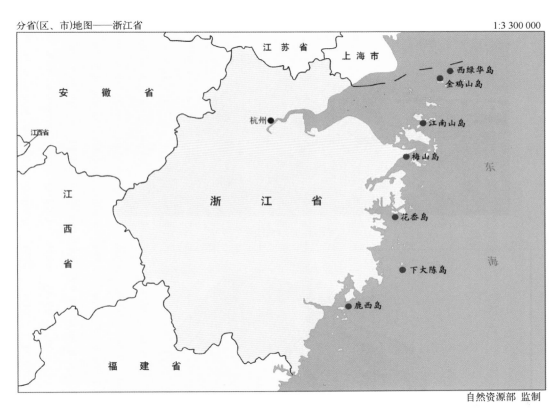

自然资源部 监制

浙江省典型评价海岛地理位置示意图

第一节　江南山岛生态指数和发展指数评价

一、海岛概况

江南山岛位于浙江省岱山县中部，因地处居蒲门港之南而得名，行政上隶属浙江省岱山县高亭镇。俯瞰岛呈"工"字形，海岛长 1.6 km，宽 1.2 km，总面积为 2.8 km²，海岸线长 7.5 km。

江南山岛现有常住人口为 1 600 人，养老保险覆盖率为 90%，医疗保险覆盖率为100%。原有 1 所小学，2000 年学校撤销，学龄儿童转到高亭小学入学。有村级保健站1 个，医务人员 1 名。在北岸建有 100 吨级埠头 2 座，其中 1 座 2008 年以前为渡埠，现改为渔用码头。2010 年，启动江南山岛—高亭牛轭山岛疏港公路建设工程，全长2 711m，设计等级为双向四车道一级公路，设计速度为 80 km/h。江南山岛北面建有防护级别 20 年一遇或以上标准、长度 850 m 的防潮堤；全岛集中无限时供电、供水、4G网络信号全覆盖。2018 年，居民人均可支配收入为 3.3 万元，地方财政总收入为 100万元，以渔业为主的农林牧渔业总产值为 1 500 万元(图 8.1-1 和图 8.1-2)。

图 8.1-1　江南山大桥

图 8.1-2　江南山岛 2018 年岸线和开发利用类型

二、江南山岛生态指数评价

江南山岛 2018 年的生态指数为 33.8，生态状况差（图 8.1-3）。

在生态环境方面，江南山岛指标分值较低，仅有 14.2，表现在植被覆盖率较低，仅为 7.6% 左右。因江南山岛北面建有 850 m 长的防潮堤，导致岸线固化，自然岸线存留较少，自然岸线保有率较低，为 27.9%。海岛周边海域水质较差。在生态利用方面，岛陆建设用地面积比例约为 27.9%，岛内垃圾主要是以外运的方式进行处理，实现垃圾 100% 处理。在生态管理方面，制定并实施了海岛保护相关规划，保障了岛内生态管理的有效实施。

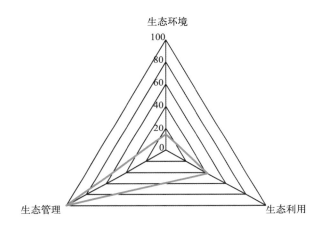

图 8.1-3　江南山岛 2018 年生态指数评价

三、江南山岛发展指数评价

江南山岛 2018 年发展指数为 56.9，在评价的 80 个有居民海岛中排名第 63 位（图 8.1-4）。

在经济发展方面，在目前评价的海岛中排名较靠后，经济发展水平较低。居民以渔业为生，每年可支配收入尚可，但公共财政收入低，影响了经济发展水平。在生态环境方面，岛上植被覆盖率较低，且缺乏耕地。自然岸线保有率低，人工岸线多为防潮堤岸，岛陆建设强度较大，对海岛的生态环境产生了一定的影响。在社会民生方面，其基础设施条件、社会保障情况较为完善，目前养老保险覆盖率为 90%，医疗保险覆盖率为 100%，为江南山岛的发展提供了坚实的保障。在社区治理方面，本岛辖有 1 个行政村，村规民约建设实现全覆盖，已编制实施了海岛规划，但岛上没有警务机构。综合分析，江南山岛在社会民生、社区管理方面发展较好，较好地保障了居民生活。在经济发展、文化建设、社区治理方面均存在不足。

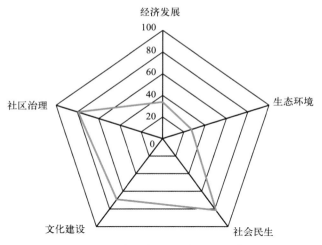

图 8.1-4　江南山岛 2018 年发展指数评价

四、江南山岛综合评价小结

江南山岛生态指数得分 33.8，海岛发展指数得分 56.9，总体上在所评价的海岛中排名较靠后。在生态指数方面，表现在植被覆盖率、自然岸线保有率都较低，而岛陆建设强度高，总体生态环境较差。制约江南山发展指数提升的主要因素是以渔业为主要产业，公共财政水平较低，同时文化建设、社区治理尚存不足。

第二节　西绿华岛生态指数和发展指数评价

一、海岛概况

西绿华岛位于浙江省东北部，隶属嵊泗县菜园镇。岛形似刀口朝西南的镰刀，大致呈东西走向，东部宽而略高，西部窄而略低，长 3.0 km，最宽处 0.8 km。海岛总面积 1.3 km²，海岸线总长 11.9 km。

西绿华岛下辖 5 个自然村，但常住人口仅剩 588 人。渔业是西绿华岛的经济主体，主要从事小型机帆船溜网作业，兼营小型机帆船钓捕和张网作业。有渔业生产合作社 1 个，机动渔船 145 艘。2018 年，地方财政收入为 80.2 万元，人均年收入为 21 268 元。水产养殖主要有两个区域，一个位于西绿华岛东北海域，养殖的品种主要有大黄鱼、美国红鱼、鲈鱼、黑鲷、石斑鱼等。岛上各自然村吞间有盘山公路相通，与东绿华岛间建有绿华跨海大桥。岛上有交通码头 2 座，有公共班船往返嵊泗岛、西绿华岛和花鸟山岛，每日最多 2 个班次，平均单船运力为 275 人。岛上建有绿华海洋水文站，1915年设立，1925 年在台风中受损，1957 年重建。2018 年，农村社保卡三合一覆盖率达

100%，但岛上无卫生服务站和医护人员。岛上污水处理率和垃圾处理率都不高。从岛外引水入岛以保障淡水供应；岛上 4G 网络信号全覆盖。西绿华岛南部和北部海湾与长江口外航道相邻，是天然的深水锚地，已经建成绿华国际锚地，并建有 25 万吨级的散货减载平台(图 8.2-1 和图 8.2-2)。

图 8.2-1　绿华国际锚地

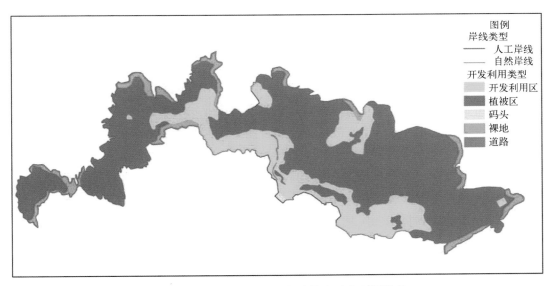

图 8.2-2　西绿华岛 2018 年岸线和开发利用类型

二、西绿华岛生态指数评价

西绿华岛 2018 年生态指数为 57.0，生态状况为中(图 8.2-3)。

在生态环境方面，植被覆盖率达 70.7%，植被覆盖良好。自然岸线保有率为 91.3%，自然岸线保有率较高。在生态利用方面，岛陆建设用地面积比例指标值为 97.4，海岛建设强度不高，但岛上的污水处理率和垃圾处理率很低，在一定程度上影响了海岛的生态环境。在生态管理方面，尚未制定与海岛相关的保护规划等。

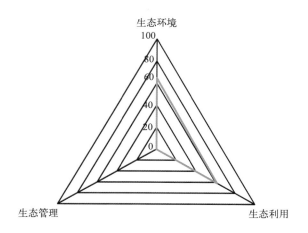

图 8.2-3　西绿华岛 2018 年生态指数评价

三、西绿华岛发展指数评价

西绿华岛 2018 年发展指数为 57.7，在评价的海岛中排名较靠后，排名第 60 位。

在经济发展方面，由于海岛以人口迁出为主，产业发展动能不足，总体经济实力相对较弱。在生态环境方面，植被覆盖率和自然岸线保有率得分较高，海岛周边海域水质达标率和污水处理率较低，总体生态环境分指数得分处于中等水平。在社会民生方面，基础设施建设和对外交通条件均较为完善，为西绿华岛的发展提供了有力的保障。医疗和养老保险覆盖率达 100%，对西绿华岛的发展指数起到了正面效果，但岛上缺少基本的医护机构和医护人员。在文化建设方面，教育设施、文化体育方面的建设较为完善，能够满足岛上居民的教育需求。岛上建有影剧院、文化中心站、电视差转台和广播站。在社区治理方面，警务机构和社会治安满意度指标值较低。西绿华岛有 3 个码头，相较其他海岛，人口流动较为频繁，社会治安的压力大。综合分析，西绿华岛在文化建设、社会民生方面均发展较好，但在经济发展、社区治理、生态环境方面尚存在不足(图 8.2-4)。

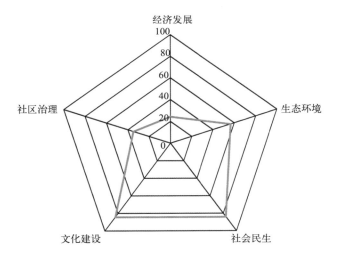

图 8.2-4　西绿华岛 2018 年发展指数评价

四、西绿华岛综合评价小结

结合西绿华岛生态指数和海岛发展指数情况看：生态指数得分 57.0，生态状况为中；发展指数得分 57.7，总体上发展指数排名比较靠后。该岛植被覆盖率、自然岸线保有率比较高，具有良好的生态环境本底。在海岛发展方面，需要制定海岛保护和发展规划并加以实施，推动海岛特色产业发展，完善环境保护设施和医疗保障设施。

第三节　金鸡山岛生态指数和发展指数评价

一、海岛概况

金鸡山岛位于嵊泗列岛中部，属于浙江省舟山市嵊泗县菜园镇。海岛呈不规则多边形，长 1.8 km，宽 1.6 km，总面积为 1.9 km²，海岸线曲折，总长 7.8 km。

金鸡山岛常住人口为 2 553 人，以渔业为主导产业，是嵊泗县重点渔区之一，以运输、休闲渔业、服务业为辅。2018 年，岛上实现生活垃圾和污水 100% 处理，有农村环境保洁人员，配备了垃圾车，负责清理垃圾、清扫道路和公共场所，养老保险和医疗保险覆盖率分别为 86% 和 98%。金鸡山岛内交通便利，形成了纵横交叉、四通八达的交通网络，岛内公交车单日最多 38 个班次，实现了村村通公路及其道路的硬化、美化、亮化和净化，乡容乡景大为改观。全岛实现集中无限时供电、供水，4G 网络信号全覆盖(图 8.3-1)。

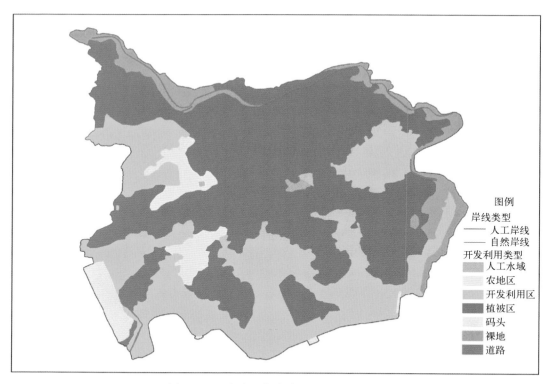

图 8.3-1　金鸡山岛岸线和开发利用类型

二、金鸡山岛生态指数评价

金鸡山岛 2018 年生态指数为 58.9，生态状况为中。

在生态环境方面，植被覆盖率和自然岸线保有率处于中等水平，周边海域水质达标率得分为 0，常年为劣四类水质，影响生态环境得分。在生态利用方面，金鸡山岛岛陆建设用地面积比例指标值为 84.1，在评价的 100 个海岛中开发强度适中，总体上仍有较大开发空间；岛上实现污水和垃圾 100% 处理，对海岛生态环境的影响和破坏较小。在生态管理方面，未制定海岛保护相关规划。2018 年海岛未发生违法用海、用岛行为，未发生重大生态破坏事件（图 8.3-2）。

三、金鸡山岛发展指数评价

金鸡山岛 2018 年发展指数为 52.8，在评价的 80 个有居民海岛中排名第 71 位（图 8.3-2）。

在经济发展方面，金鸡山岛在评价的 80 个有居民海岛中位居第 65 位，经济发展水平远低于我国沿海城市。生态环境方面，植被覆盖率和自然岸线保有率处于中等水平，海岛周边海域水质较差，亟待进一步改善。在社会民生方面，基础设施建设和对外交

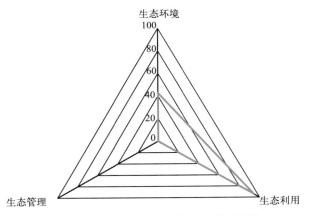

图 8.3-2 金鸡山岛 2018 年生态指数评价

通条件均较为完善，为金鸡山岛的发展提供了有力的保障。岛上医疗卫生方面指标值较低，在一定程度上影响了金鸡山岛的发展指数。在文化建设方面，尚不能够满足岛上居民的教育和文化需求。在社区治理方面，金鸡山岛缺少专门的保护与发展规划，警务机构和社会治安满意度指标值也较低。综合分析，金鸡山岛在生态环境、文化建设、社会民生、经济发展、社区治理各方面均存在不足，有待改善(图 8.3-3)。

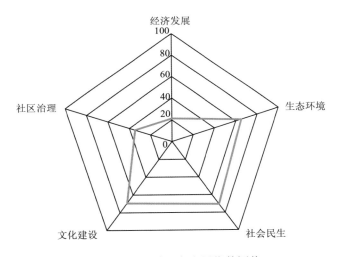

图 8.3-3 金鸡山岛发展指数评价

四、金鸡山岛综合评价小结

结合金鸡山岛生态指数和海岛发展指数情况：生态指数得分 58.9，发展指数得分 52.8，总体上海岛的生态环境状况和综合发展情况均有较大提升空间。需要加强海岛产业转型升级、改善陆岛交通条件、提高海岛医疗卫生和文化服务水平、加强社会治安管理和社区治理。

第四节　梅山岛生态指数和发展指数评价

一、海岛概况

梅山岛位于浙江省宁波市东部，隶属宁波市北仑区。梅山岛距大陆最近点0.45 km，是我国海岛中腹地开阔的海积平原岛，地形呈足迹形，地势由东北向西南倾斜。海岛总面积为38.0 km²，岸线长度为36.0 km，东西长7.6 km，南北平均宽3.5 km（图8.4-1）。在自然和历史人文以及保护方面，有省级文物保护单位梅山盐场旧址，区级文物保护单位3处，文物保护点5个：清修寺、沈氏祠堂"裕后堂"、张公庙后大殿、扑蛇山灯塔（1924年建）和原里岙村的古树名木（银杏树）。

梅山岛常住人口18 000人，建区后，实施"生态兴岛，绿色富民"的发展战略，加快经济发展步伐。2018年地方财政总收入为1.46亿元，居民人均可支配收入为55 113元，是沿海经济发展势头强劲的海岛。岛上交通便利，梅山大桥及接线工程全线贯通，2017年春晓大桥竣工通车，进出岛公交车单日最多296个班次；单车平均运力60人。同时，梅东渡、盘峙码头和磨头码头也通过交通班船往返大陆。现拥有千吨级固定码头2座，500吨级活水码头2座，200～600 t车客渡轮8艘。全岛供电、供水、通信等

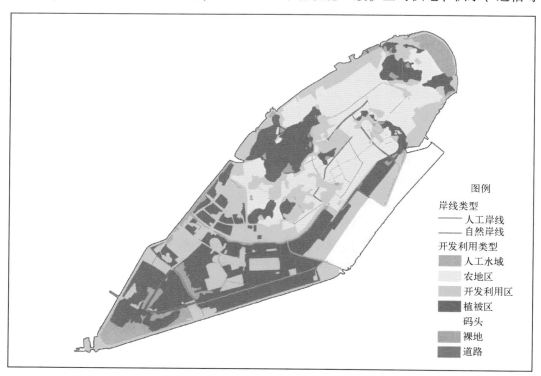

图8.4-1　梅山岛2018年岸线和开发利用类型

公共基础设施齐全，现有小学 1 所，中学 1 所，公共文化体育设施的面积约 5 万 m²；现有医院 1 所，诊所 8 所，医生 26 名，养老和医疗保险覆盖率均为 99%。2018 年实现生活垃圾 100% 处理，污水处理率达 90%，各村共建公共厕所 26 座，有农村环境保洁人员，配备了垃圾车，负责清理垃圾、清扫道路和公共场所。梅山岛海岛品牌建设效果良好。目前拥有"国家级生态乡""浙江省民间文艺之乡""浙江省体育特色乡""浙江省体育强乡""浙江省水浒名拳之乡(省级非物质文化遗产)""浙江省文化之乡""宁波市东海文化明珠"和"舞狮之乡"等美誉。

二、梅山岛生态指数评价

梅山岛 2018 年生态指数为 57.3，与 2016 年相比下降了 0.8，生态状况为中。

在生态环境方面，植被覆盖率较低，为 29.8%，比 2016 年下降了 4.7%；自然岸线保有率为 3.2%，较 2016 年下降了 0.2%。早年建造防潮堤坝，岸线均固化，以人工岸线为主，自然岸线存留极少。周边海域水质较差，亟待改善。在生态利用方面，梅山岛岛陆建设用地面积比例为 40.1%，较 2016 年下降了 1.3%，在评价的 100 个海岛中开发利用强度排名第 9 位，岛上污水处理和垃圾处理设施较完善。在生态管理方面，梅山岛已经制定《宁波梅山(保税)港城总体规划》并实施，有利于海岛开发与保护。梅山岛有一处梅山盐场遗址，也已实施有效保护措施(图 8.4-2)。

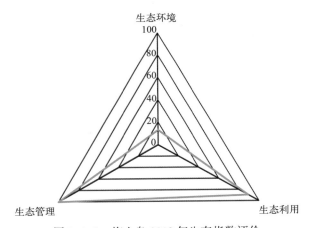

图 8.4-2　梅山岛 2018 年生态指数评价

三、梅山岛发展指数评价

梅山岛 2018 年的发展指数为 92.5，较 2016 年降低了 5.4，在评价的 80 个有居民海岛中排名第 7 位。

在经济发展方面，梅山岛在评价的 80 个有居民海岛中位居第 5 位，经济发展水平远高于我国沿海城市。梅山岛依托完善的公共基础设施，便利的交通，以及良好的地理区位优势和优越的港口资源，发展功能定位为动力保税港、港口物流岛。在生态环境方面，海岛周边海域水质达标率较低，海水水质亟待进一步改善。自然岸线保有率低，人工岸线多为防潮堤岸。岛陆建设用地面积比例反映了该岛的环境压力，梅山岛此项指标值为79.93分，较2016年增加了0.93分，同其他海岛相比，岛陆建设开发强度较大，但总体上环境压力较小。在社会民生方面，基础设施建设和对外交通条件均较为完善，为梅山岛的发展提供了有力的保障。岛上每千名常住人口公共卫生人员数指标值较低，在一定程度上影响了梅山岛的发展指数。在文化建设方面，教育、文化体育设施建设较为完善，能够满足岛上居民的教育需求。在社区治理方面，梅山岛制定了《宁波梅山(保税)港城总体规划》，通过科学合理的规划，为梅山岛的发展树立了正确的方向和目标。社会治安满意度方面反映海岛治安管理能力和效果，梅山岛作为开放港口，相较其他海岛人口流动较为频繁，社会治安的压力大。综合分析，梅山岛在文化建设、社会民生、社区治理方面发展较好，社会民生在2016年的基础上进一步完善，得分上升了1.1；其次是经济发展方面；而生态环境有较大的提升空间(图8.4-3)。

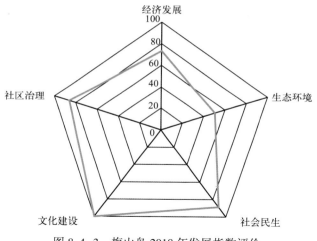

图 8.4-3　梅山岛 2018 年发展指数评价

四、梅山岛综合评价小结

结合梅山岛生态指数和海岛发展指数情况：生态指数得分57.3，发展指数得分92.5，均较2016年有所下降。梅山岛的发展是依托良好的区位优势、港口优势以及岸线优势，发展目标为动力保税港和港口物流岛。在经济发展、文化建设、社区治理和社会民生方面整体上均具有较大优势，但在医疗卫生保障方面、社会治安管理方面仍存在不足。生态环境方面一直是梅山岛发展的短板，其周边海域水质达标率、植被覆盖率、自然岸线保有率均有所下降。从评价结果可以得知，按照生态文明理念，应将生态文明建设放在突出的位置上，实现高质量发展，建设可持续发展的美丽海岛。

第五节　花岙岛生态指数和发展指数评价

一、海岛概况

花岙岛位于浙江省三门湾口东侧、石浦镇西南约 14 km 处，北近高塘岛，是近岸岛。花岙岛隶属宁波市象山县，曾用名花鸟岛、悬岙岛、大佛头岛、大佛岛，因花岙其实名为"悬岙"，当地"悬"与"花"音相似，故得名。

花岙岛总面积 16.2 km²，最高点高程 308.5 m，岸线长度 30.6 km，岸线类型主要为基岩岸线，植被覆盖率为 59.4%（图 8.5-1）。花岙岛以自然景观为主，拥有丰富的景观资源，素有"海上仙子国、人间瀛洲城"之称，最奇特的当属火山岩现象和海蚀海积柱状节理群（图 8.5-2）。其中，火山玄武岩柱状节理岩石现象，属于世界上三大火山岩原生地貌之一。除了花岙岛石林柱状节理群，岛上代表性的地质遗迹景观还有大佛头山柱峰、千年古樟树泥坪、小甲山海蚀拱桥、天作塘、清水湾砾石滩等。象山花岙岛已成为浙江省首个省级海岛地质公园。

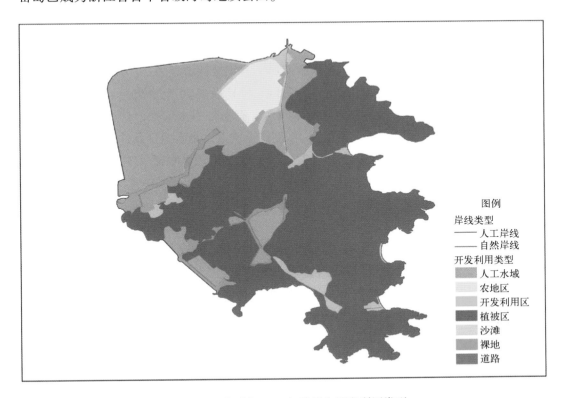

图例

岸线类型
—— 人工岸线
—— 自然岸线

开发利用类型
人工水域
农地区
开发利用区
植被区
沙滩
裸地
道路

图 8.5-1　花岙岛 2018 年岸线和开发利用类型

图 8.5-2　花岙岛特色海蚀地貌

花岙岛下辖 1 个行政村，2 个自然村，分别为花岙村和大塘里村，2018 年常住人口为 683 人，以渔业为主要产业，辅以旅游业，全年接待游客为 20 万人次。游客和居民进出岛通过定时的客货混装轮运送，公共班船单日最多 20 个班次，平均单船运力为 50 人，进出岛未受潮汐影响。岛上无淡水资源，有岛外引水工程，日平均引水规模为 100 t；供电为分散无限时供电；通信为 4G 网络全覆盖。岛上卫生条件良好，垃圾和污水处理率均为 100%。花岙岛医疗卫生人数为 1 人，养老保险覆盖率和医疗保险覆盖率 100%。

二、花岙岛生态指数评价

花岙岛 2018 年生态指数为 83.5，海岛生态状况优，海岛保护与管理效果良好，与 2016 年相比，分值上升了 2.1，海岛生态状况较稳定（图 8.5-3）。

在生态环境方面，植被覆盖率和自然岸线保有率得分较高。周边海域水质达标率得分较低，水质均低于国家第二类海水水质标准，水质有待改善。在生态利用方面，海岛岛陆建设强度较低，保持了较好的原生态环境。岛上实现了污水和生活垃圾 100% 处理，对海岛生态环境的影响和破坏较小。在生态管理方面，海岛已经制定了单岛规划并实施，有利于海岛保护；已建立国家级海洋公园、国家级森林海岛、省级地质公园等保护区，对花岙岛的景观资源采取保护措施。

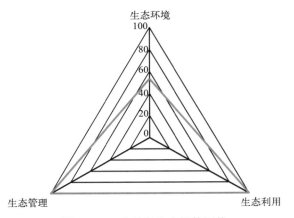

图 8.5-3　花岙岛生态指数评价

三、花岙岛发展指数评价

花岙岛 2018 年发展指数为 85.3，在评价的 80 个有居民海岛中排名第 23 位，综合发展水平较高(图 8.5-4)。

在经济发展方面，花岙岛单位面积财政收入指标值为 60.2，在评价的 80 个有居民海岛中排名居中，超过了沿海省(自治区、直辖市)平均水平。居民人均可支配收入指标值为 32.0，处于偏下水平，但较 2017 年有明显提升，远低于沿海省(自治区、直辖市)平均水平。在生态环境方面，岛陆开发强度较低，环境保护设施完善，总体上生态环境较好。在社会民生方面，花岙岛的基础设施建设和对外交通条件均较为完善，社会保障情况较好，但岛上每千名常住人口公共卫生人员数指标值较低。在文化建设方面，教育设施和文化体育设施基本满足岛上居民的需求。在社区治理方面，已制定单岛规划——《花岙旅游开发总体规划》和《花岙岛村庄规划》。综合分析，花岙岛在社会

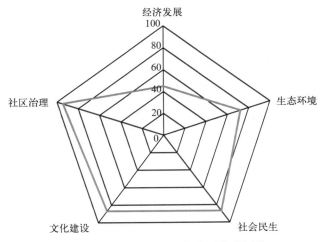

图 8.5-4　花岙岛 2018 年发展指数评价

民生、文化建设、社区治理方面发展较好，经济发展和生态环境方面存在不足。

四、花岙岛综合评价小结

结合海岛情况，生态指数得分83.5，发展指数得分85.3，较2016年总体上都有所提升。花岙岛维持了较为原生态的海岛景观，生态系统结构较好，植被覆盖率较高，自然岸线保有率高，海岛岛体稳定。制约生态指数的主要因素是周边海域水质达标率，而经济发展水平是制约发展指数的主要因素。

第六节　下大陈岛生态指数和发展指数评价

一、海岛概况

下大陈岛位于浙江省台州市椒江区东部，台州湾东南的近岸海岛，隶属台州市椒江区大陈镇，距大陆的最短距离为20.3 km，海岛面积为4.5 km²，植被覆盖率为83.8%，岸线长度为24.9 km，岸线类型主要为基岩岸线和砾石滩岸线。下大陈岛旅游资源丰富，有被称为"东海第一大盆景"的甲午岩，垦荒纪念碑巍巍挺立于下大陈岛黄夫礁山岗，向游人讲述一位中国最高领导人和下大陈岛的故事；青少年宫是下大陈岛最好的建筑，1985年经胡耀邦总书记批准建成，占地1 050 m²，内辟有岛史陈列室，供游人参观；还有多处当年的战争遗存。下大陈岛是享誉国内外的海钓基地，多次举办中国大陈岛国际海钓邀请赛、全国海钓锦标赛。近年获得"省级美丽乡村示范乡镇""省级海洋保护与示范岛"和"省级森林公园"等品牌称号（图8.6-1）。

图8.6-1　下大陈岛的自然风光

下大陈岛下辖3个行政村，18个自然村，2018年常住人口1 000人。海岛以渔业为主要产业，依托"渔岛文化、垦荒文化、军旅文化、两岸文化"四大文化，海岛旅游势头强劲，2018年接待游客14.2万人次，较2016年增加42%，居民人均可支配收入为4万余元。海岛基础设施完备，全岛实现供电、通信100%覆盖。岛上有淡水资源，主要为两个水库和地下水，居民用水由 4 处地下水井供水，通过集中净水设备保障饮用水水质。在环保设施方面，建有污水处理厂，污水处理率为 90%，垃圾处理率 100%。无桥隧连陆，通过交通班船往返大陆，建有码头 3 座，单日最多班船 9 个班次，可满足海岛居民出行需求。岛上有卫生所 1 所，配有执业医师 6 人，医护人员 12 人，养老保险和医疗保险的覆盖率分别为 92% 和 99%。尚有小学 1 所，中学 1 所，但面临着生源不足的问题。下大陈岛打造国家级渔港，投入大量资金，兴建环岛公路，完善渔港配套设施，同时将大陈港开辟为国际避风港和鲜活水产品出口交货点，推动渔业第三产业发展(图 8.6-2)。

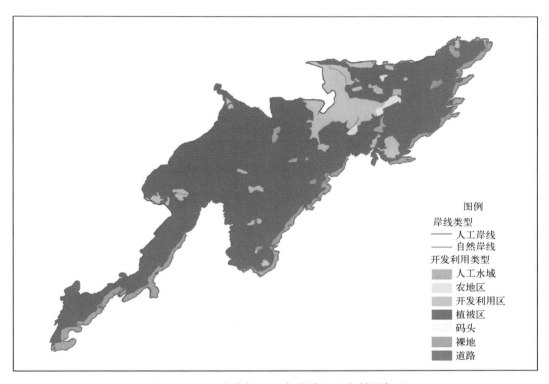

图 8.6-2　下大陈岛 2018 年岸线和开发利用类型

二、下大陈岛生态指数评价

下大陈岛 2018 年生态指数为 89.9，生态状况为优，比 2016 年得分高 1.7，海岛生态状况保持稳定。

在生态环境方面，下大陈岛植被覆盖率较高，自然岸线保有率得分较高，海岛生态环境分指数得分高，海岛本底生态系统稳定，具有一定优势，但海洋灾害频发，易导致发生山体滑坡和泥石流二次灾害，给岛上居民人身和财产安全带来极大隐患。周边海域水质达标率得分为 100，相比 2016 年，地方重视周边海域水质污染治理，海岛生态环境有了较大的改进。在生态利用方面，岛上污水处理率达到 90%，垃圾处理率均达到 100%，可降低对海岛生态环境的影响和破坏。在生态管理方面，相比 2016 年，现阶段下大陈岛已编制完成《台州市椒江区大陈镇城镇总体规划（2017—2035）》，有利于海岛的进一步保护。对岛上的自然景观和历史人文遗迹也采取了较为有效的保护措施（图 8.6-3）。

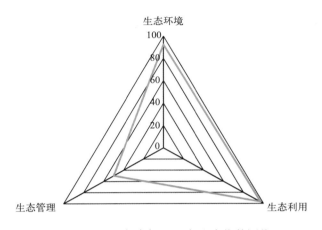

图 8.6-3　下大陈岛 2018 年生态指数评价

三、下大陈岛发展指数评价

下大陈岛 2018 年发展指数为 96.8，比 2016 年增加了 8.8，在评价的 80 个有居民海岛中排名第 2 位。

在经济发展方面，下大陈岛的单位面积财政收入及居民人均可支配收入在评价的 80 个有居民海岛中处于中等水平，相较 2016 年，经济发展分值高出 11.3。在生态环境方面，其植被覆盖率、自然岸线保有率和周边海域水质达标率得分较高，生活垃圾和生活污水处理率高，海岛生态环境保持良好，得分比 2016 年高出 15.0。在社会民生方面，供电、供水等基础设施完备，但陆岛交通方式单一，受大风大雾天气影响显著，对海岛发展不利，此项分值比 2016 年降低了 1.4。在社会民生方面，公共卫生人员数多，可满足岛上的卫生医疗需求，但社会保障覆盖率有提升空间。在文化建设方面，拥有小学、中学各 1 所，可满足海岛教育需要，但就读学生数量日趋减少。人均拥有公共文化体育设施面积较大。在社区治理方面，村规民约全面覆盖，分指数得分比 2016 年提高 13.9。注重海岛品牌建设，获得省级以上荣誉称号 5 个。开展战壕、碉堡等军事遗迹保护工程，做到旅游开发建设与生态环境保护"两手抓"（图 8.6-4）。

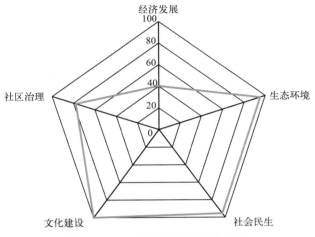

图 8.6-4　下大陈岛发展指数评价

四、下大陈岛综合评价小结

结合海岛情况，生态指数得分 89.9，发展指数得分 96.8，总体上下大陈岛维持了较为良好、稳定的海岛生态状况，海岛的综合发展水平较高，近几年展现出良好的发展势头。作为集度假、休闲观光和寻访史迹旅游为一体的海岛，下大陈岛在海岛品牌建设、卫生医疗和自然与历史人文遗迹保护、环境保护与卫生整治等方面有较大的优势和良好的传统。目前，海岛的发展受到以下几个因素的限制：一是陆岛交通方式单一，天气因素制约陆岛联通；二是常住人口数量减少，影响社区发展；三是岛上的废弃物随着游客数量的增加而逐年大幅增加，海岛环境的卫生整治有待加强。建议加快推进《大陈镇总体规划（2016—2030）》实施，推进海岛保护与发展工作。

第七节　鹿西岛生态指数和发展指数评价

一、海岛概况

鹿西岛位于浙江省温州市洞头中部，是乡镇级有居民海岛。鹿西岛距大陆最近点 4.7 km，海岛总面积为 8.9 km²，岸线总长度为 34.0 km。岸线类型主要为基岩岸线，植被覆盖率为 89.2%（图 8.7-1）。鹿西岛地形以丘陵为主，地势西北高、东南低，山体走向不规则，起伏较大，多深谷，临海一侧的山坡较险陡；中部地势起伏小。沿岸曲折多岙，岸壁大多陡直，水际多延伸礁石，共有港湾、岙口 28 个。

鹿西岛下辖 6 个行政村、22 个自然村，2018 年常住人口 4 530 人，产业发展以渔业为主，旅游业和工业为辅。鹿西岛在完善基础设施，保障供电、供水方面取得突破。

全力实施海岛用电"自给"工程，建成 35 kV 鹿西输变电、鹿西微电网等工程，完成太阳能光伏发电场、风电发电机组与微电网的并网使用。全力实施饮用水保障工程，完成鹿西仰天岙水库、"三大水源"并网和供水管网建设等工程，挂牌成立鹿西水务公司，加快推进南山水库水质提升工程及海水淡化项目建设，有效解决海岛群众"吃水难"问题。此外，全乡的水井、坑道井年供水能力可达 12 万 m³。岛上有 300 吨级码头 2 个，有公共班船往返元觉，单日最多 16 个班次，平均单船运力 78 人，基本满足岛民出行需求，进出港会受潮汐影响。另外，岛上有医院 1 所，卫生所 2 所，医护人员 27 人；岛上有小学 1 所，公共文化体育设施面积 5 700 m²。2018 年，鹿西岛实现养老保险覆盖率 71%，医疗保险覆盖率 99%。

鹿西岛已拥有"国家级环境优美乡"和"省级体育强乡"的美誉，2018 年又获得"省级 AAA 级景区""国家级生态乡镇""省级美丽乡村示范乡""全省第一批小城镇环境综合整治合格单位"等荣誉。

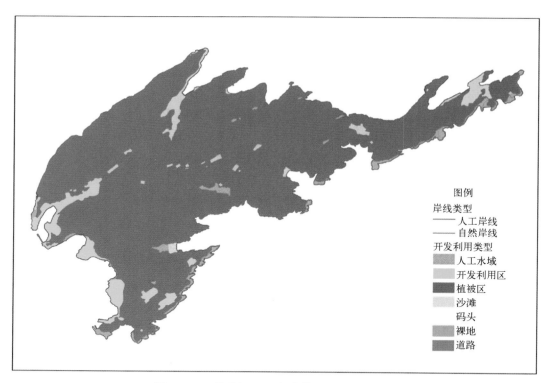

图 8.7-1　鹿西岛 2018 年岸线和开发利用类型

二、鹿西岛生态指数评价

鹿西岛 2018 年生态指数为 81.5，相较 2016 年降低了 6.3，生态状况为优，基本保持稳定。

在生态环境方面，鹿西岛植被覆盖率高，自然岸线保有率相对较高，但相比 2016 年，自然岸线保有率由 90.0% 降低至 77.2%。周边海域水质有了较大的改善，得分由 2016 年的 0 变为 100，海岛生态环境分指数得分整体有所提升。在生态利用方面，海岛岛陆建设强度较低，对海岛生态环境的影响和破坏较小。鹿西岛 2018 年常住人口大幅增加，但污水处理设施不够完善，污水处理率较 2016 年有所降低，对生态环境产生一定影响。在生态管理方面，实施了海岛规划与管理，对岛上的自然景观、历史遗迹采取了较为有效的保护措施，强化海岛自然生态的保护、修复和提升，并加强对鹿西岛周边的白龙屿、鸟岛的巡查管护力度，设立专门机构强化对鸟岛的管理，严禁村民登岛，创造了良好的海岛生态保护效益。每年 5—6 月，大批海鸟在鸟岛上繁衍生息，形成万鸟齐飞的壮观景象（图 8.7-2）。

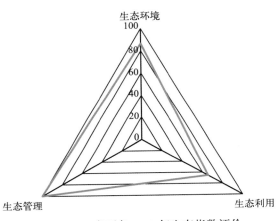

图 8.7-2　鹿西岛 2018 年生态指数评价

三、鹿西岛发展指数评价

鹿西岛 2018 年发展指数为 93.9，相比 2016 年升高了约 11.0，在评价的 80 个有居民海岛中排名第 5 位。

在经济发展方面，鹿西岛 2018 年的财政收入水平高于沿海省（自治区、直辖市）平均水平，人均可支配收入低于沿海省（自治区、直辖市）平均水平。鹿西岛大力发展新型海水养殖业，实现白龙屿生态牧场、海洋牧场项目落实，逐步做大做强鹿西岛的大黄鱼养殖品牌，实现渔业的转型升级。在生态环境方面，鹿西岛植被覆盖率得分较高，完成 6 个行政村的整村推进和口筐民俗公园建设，扎实推进"绿满鹿岛"工程，建成"十里花道"、昌鱼礁村及山坪村桃花林。自然岸线保有率从 2016 年的 90.0% 降低至 77.2%，同时，周边海域水质达标率相较 2016 年有了很大的提升，生态环境综合状况保持稳定。在社会民生方面，鹿西岛供电、供水等基础设施完备，但陆岛交通方式单一，尚不能完全满足陆岛出行需要，且受天气影响显著，对海岛发展不利；医疗保险覆盖率与 2016 年持平，养老保险覆盖率翻了近一番，但在岛的医疗卫生人员数仍旧不足，随着常住人口的增加，每千名常住人口公共卫生人员数相较 2016 年有所降低。在文化建设方面，鹿西岛拥有小学 1 所，可满足海岛教育需要，人均公共文化体育设施面积拥有量远高于我国平均水平，有"省级体育强乡"的荣誉称号。在社区治理方面，规划管理、村规民约建设及社会治安满意度均表现良好。在海岛品牌建设、资源循环利用和可再生能源利用及自然和历史人文遗迹保护方面富有成效。综合分析，鹿西岛在海岛生态环境保护和民生服务等方面存有不足，其他方面发展良好(图 8.7-3)。

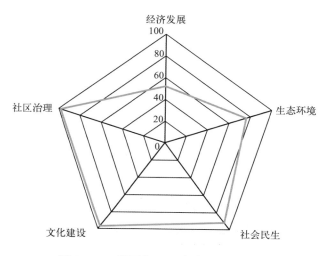

图 8.7-3　鹿西岛 2018 年发展指数评价

四、鹿西岛综合评价小结

结合海岛情况，鹿西岛生态指数得分 81.5，发展指数得分 93.9，发展势头强劲，同时生态环境综合状况基本保持稳定和良好。作为传统渔业强岛和积极建设现代新型渔业的宜居美丽海岛，鹿西岛在基础设施条件、特色保护、文化建设、社区治理及环保方面具有较大优势，海水水质、对外交通条件、医疗卫生、社会保障方面尚待提升。要坚持"五水共治、治污先行"，使周边海域水质有明显的改善，推进基础设施建设，提高医疗卫生水平，争取社会保障全覆盖。制约海岛发展的主要因素：一是开发建设过程中，自然岸线保有率的极速降低；二是陆岛交通方式单一、受天气影响显著制约陆岛联通；三是社会保障未全面覆盖，医疗卫生人员不足。

第九章

福建省典型海岛生态指数和发展指数评价专题报告

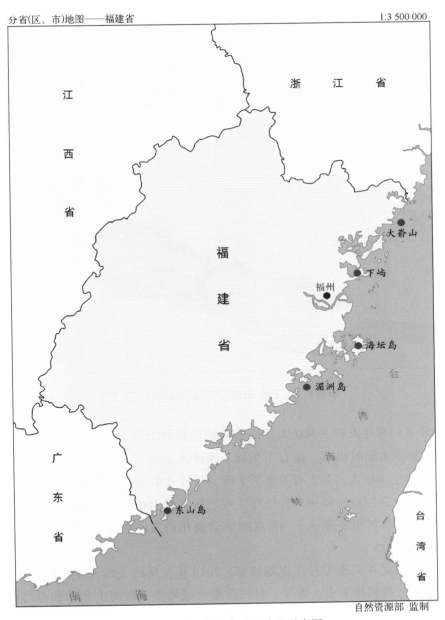

福建省典型评价海岛地理位置示意图

第一节 下屿生态指数和发展指数评价

一、海岛概况

下屿隶属福建省福州市连江县坑园镇，海岛呈长方形，近东西走向，海岛陆域面积 0.7 km²，岸线长度 6.2 km(图 9.1-1)。因该岛地处前屿之后，而且从马鼻镇看过来，该岛地势较低，故名下屿。20 世纪 30 年代初，下屿人民积极投身于土地革命，沉着应对国民党数万大军对苏区的"围剿"，保存了革命火种，下屿也因此有"红旗不倒"之美誉。中华人民共和国成立后，下屿村被福建省委命名为"革命老区基点村"。

图 9.1-1 下屿 2018 年岸线和开发利用类型

2018 年下屿常住人口 3 500 人，该岛基础设施较为完备，建造有蓄水 600 t 的水塔，实现了集中无限时供水。拥有 1 所软、硬件齐备的含初、高中部的完全中学，至 2018 年，有学生 400 人。岛上有卫生所 1 所，共计 4 名卫生医疗人员。养老保险和医疗保险覆盖率分别为 88% 和 98%。该岛实现生活垃圾 100% 处理，暂无污水处理设施。岛上有桥隧连陆，村里还建成了 300 吨级客货通用码头，建起了村级客运站，可满足岛上居民交通出行。

下屿已经制定并实施了村庄规划修编。2018 年，居民人均可支配收入 1.3 万元，以海水养殖、近海捕捞为主。近年，村民逐渐尝试集资开发海上垂钓和海岛休闲旅游业，海岛休闲娱乐业成为渔民新的增收途径。

二、下屿生态指数评价

下屿 2018 年生态指数为 53.5，生态状况为中。

在生态环境方面，下屿指标分值较低，表现在植被覆盖率低，仅为 17.5% 左右。自然岸线保有率低，仅为 34.6%，远低于福建省海岛自然岸线保有率要求的 75%。周边海域水质达标率得分为 100，常年水质良好。在生态利用方面，下屿岛陆建设强度较高，岛上实现 100% 的垃圾处理，但污水处理问题没有妥善解决，对海岛生态环境的影响和破坏较大。在生态管理方面，已经制定下屿村村庄规划修编并实施，有利于海岛开发与保护（图 9.1-2）。

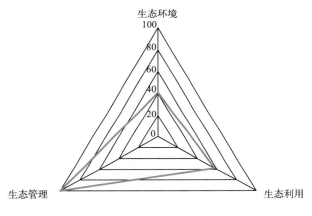

图 9.1-2　下屿 2018 年生态指数评价

三、下屿发展指数评价

下屿 2018 年发展指数为 70.6，在评价的 80 个有居民海岛中排名第 42 位。

在经济发展方面，下屿在评价的 80 个有居民海岛中位居第 27 位，单位面积财政收入远高于沿海省（自治区、直辖市）平均水平，但人均可支配收入较低，在评价的 80 个有居民海岛中处于落后位置。在生态环境方面，海岛周边海域水质良好。过去由于海岛人多地少，群众建房矛盾突出，为改善居住条件，引进围海造地工程项目，因此整岛植被覆盖率低，自然岸线保有率低，岛陆建设开发强度大，总体环境压力较大。在社会民生方面，下屿的基础设施建设和对外交通条件均较为完善，为下屿的发展提供了坚实的保障。岛上医疗卫生方面指标值较低，总体社会民生分指数较高。在文化建设方面，教育设施、文化体育建设较为完善，能够满足岛上居民的需求，文化建设分指数达满分。在社区治理方面，社会治安满意度高，海岛治安管理能力和效果较好，通过科学合理的规划，为下屿的发展树立了正确的方向和目标，社区治理分指数较高。综合分析，下屿在文化建设方面发展突出，其次为社区治理和社会民生，经济发展、生态环境方面尚存在不足(图9.1-3)。

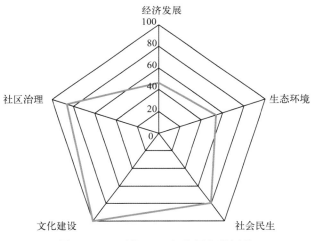

图 9.1-3　下屿 2018 年发展指数评价

四、下屿综合评价小结

结合下屿生态指数和海岛发展指数情况，生态指数得分53.5，发展指数得分70.6，总体上生态指数为中，发展指数排名亦居中。下屿在文化建设、社区治理和社会治安管理方面整体上具有较大优势，但在医疗卫生保障方面、经济发展、生态环境方面仍存在不足。生态环境方面是下屿发展的短板，具体包括植被覆盖率低、自然岸线保有率低于福建海岛自然岸线保有率最低值，海岛无污水处理设施等，为响应国家生态文明建设发展模式，岛上的生态环境问题应引起重视。

第二节　海坛岛生态指数和发展指数评价

一、海岛概况

海坛岛，亦称平潭岛，是福建省第一大岛，隶属福建省平潭综合实验区。地处中国东南沿海，位于中国福建省沿海中部，东临台湾海峡，西隔海坛海峡。海坛岛面积约为279.0 km²。海坛岛岸线总长约206.2 km，自然岸线保有率约为60.9%。岛上时常"东来岚气弥漫"，因而简称"岚"，别称"东岚"，旧称"海山"，也称"岚岛"。岛东面与台湾地区新竹港相距仅68海里，是中国大陆距台湾岛最近处，成为大陆对台经贸和人文交往的重要窗口。

海坛岛名胜古迹和自然景观有三十六脚湖、石牌洋礁、仙人井、一片瓦和壳丘头遗址，有龙凤头度假村和坛南湾海滨浴场。岛上海蚀地貌十分典型，有罕见的花岗岩海蚀柱、风动石和球状风化花岗岩等，被誉为"海蚀地貌博物馆"。岛上有海坛海峡水下遗址（国家级）等省级以上文物保护单位或省级以上非物质文化遗产 11 处，有将军山纪念碑等其他典型的自然或历史人文遗迹 13 处。

海坛岛常住人口为 46 万人，居民人均可支配收入 2.4 万元。岛东牛山渔场为福建省内主要渔场，有中国标准砂、水产加工、制盐、内燃机配件、冷冻、造船等厂场。该岛制定了《平潭综合实验区总体规划》，2016 年国务院发布《国务院关于平潭国际旅游岛建设方案的批复》，平潭正努力建设成经济发展、社会和谐、环境优美、独具特色、两岸同胞向往的国际旅游岛。2018 年全年接待游客为 484.3 万人次。

岛上现有小学共 35 所，中学 23 所，医院共 7 所，医护人员 900 余人；海坛岛有公路通各乡、镇，跨海大桥连通福州，公铁两用大桥正在建设中。养老和医疗保险参保率均高于 90%。岛上建有污水处理厂，年处理能力为 4 635 万 t（图 9.2-1）。

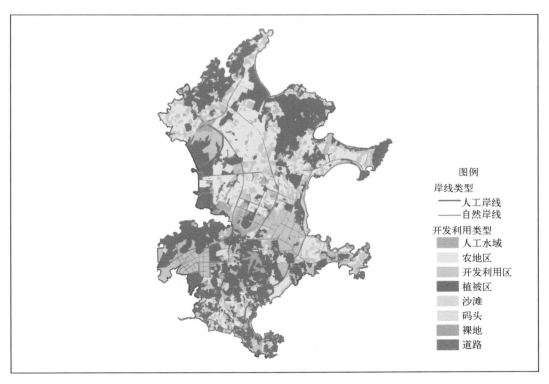

图 9.2-1　海坛岛 2018 年岸线和开发利用类型

二、海坛岛生态指数评价

海坛岛 2018 年生态指数为 86.0，生态状况为优。

在生态环境方面，海坛岛分指数值不高，其中自然岸线保有率中等，海岛周边海域水质较好，而植被覆盖率较低，为 37.5% 左右。因近代挖山采石、大量砍伐森林，加之岛内多年平均大风(7级以上)日数为125天，少雨与大风在一定程度上影响了植被的生长，过去人们常调侃"平潭岛光长石头不长草"。在生态利用方面，岛陆建设用地面积占比较低，岛陆开发强度适宜，岛上实现80%的污水处理率和100%的垃圾处理率，对海岛生态环境的影响和破坏较小。在生态管理方面，开展了相关规划并科学实施，对自然风光和人文景观总体保护较好(图9.2-2)。

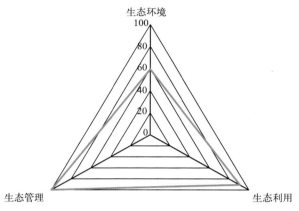

图 9.2-2　海坛岛 2018 年生态指数评价

三、海坛岛发展指数评价

海坛岛 2018 年发展指数为 87.8，在评价的 80 个有居民海岛中排名第 20 位。

在经济发展方面，地方财政总收入高于沿海省(自治区、直辖市)平均水平，但居民人均可支配收入低于沿海省(自治区、直辖市)平均水平。海坛岛以渔业为主，岛东牛山渔场为省内主要渔场。海坛岛作为平潭综合实验区的核心区域，在国际旅游岛开发中仍处于基础设施建设阶段，未来将迎来发展热潮。在生态环境方面，岛内常年少雨，并伴有大风，植被覆盖率较低。海岛周边海域水质较好，污水和垃圾均得到有效处理。岛陆建设开发强度适宜。总体生态环境分指数较高，生态环境良好。在社会民生方面，岛内的基础设施建设和对外交通条件均较为完善，岛上公共卫生人员数多，可满足岛上的卫生医疗条件，但防灾减灾设施有待提高，社会民生分指数较高。在文化建设方面，海岛文物、非物质文化遗产、典型的自然或历史人文遗迹均得到有效保护。教育设施、文化体育方面的建设较为完善，能够满足岛上居民的需求。在社区治理方面，海坛岛辖 163 个行政村，村规民约没有全面覆盖，警务机构和社会治安满意度较高，总体社区治理分指数较高。

海坛岛制定了《平潭综合实验区总体规划》，通过科学合理的规划，为海坛岛的发展确立了正确的方向和目标。综合分析，海坛岛在社会民生、生态环境、文化建设、社区治理方面发展较均衡，经济发展方面尚存在不足(图9.2-3)。

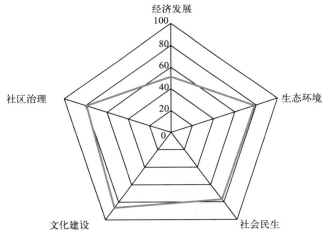

图 9.2-3　海坛岛 2018 年发展指数评价

四、海坛岛综合评价小结

结合海岛情况，生态指数得分 86.0，发展指数得分 87.8，总体上海坛岛综合发展情况较好，保持了良好的生态环境状况。制约海岛发展指数提升的主要因素是经济发展，一方面因海岛人口基数较小，另一方面在于岛上无任何工业，主要的发展方向以渔业和旅游业为主，但发展旅游业的基础设施、配套服务及旅游宣传目前仍处于完善升级阶段。目前修订的《平潭综合实验区总体规划（2018—2035）》，将为海坛岛带来快速发展的新契机。

第三节　东山岛生态指数和发展指数评价

一、海岛概况

东山岛位于中国福建省南部沿海，是中国第七大岛，介于福建省厦门市和广东省汕头市之间，位于厦、漳、泉闽南金三角经济区的南端。东山岛面积为 201.3 km²，岸线长度为 156.8 km，岸线类型主要为人工岸线（图 9.3-1）。东山岛隶属福建省漳州市东山县，是福建省第二大岛。东山岛设有国家级经济技术开发区、旅游经济开发区，下辖 61 个行政村，常住人口 22.46 万人。

2018 年，东山地方财政总收入为 11.1 亿元，海岛以工业为主要产业，其次为渔业和旅游业。东山岛四面环海，有诸多良好天然港湾，靠近大陆，水陆交通方便，形成了纵横交叉、四通八达的交通网络，进出岛的公交车单日最多 64 个班次，单车平均运力 83 人，实现了村村通公路及其道路的硬化、美化、亮化和净化。已有陆连大桥 3 座，

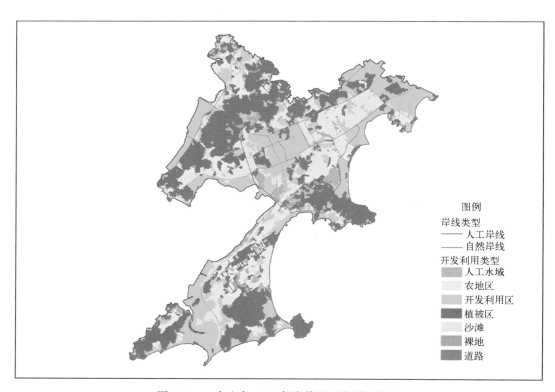

图 9.3-1　东山岛 2018 年岸线和开发利用类型

分别是东山特大桥、大产大桥、八尺门大桥，陆岛交通便利。海岛污水处理率达 93%，垃圾处理方式正在进一步升级。目前，整岛已实现集中无限时供水供电，采用岛外引水方式，引水规模为日平均 32 t。东山岛各项公共设施齐全，包括医院、学校、体育场所、文化活动中心等，包含图书馆、体育场馆、活动中心、公园、广场等，公共文化体育设施人均面积约 3 m² ，超过我国人均水平。

东山岛拥有东山关帝庙、戍守台湾墓群等 14 处省级以上文物保护单位；民间文艺是东山岛的特色文化，历史悠久、内容丰富多彩，拥有东山歌册（国家级）、东山宋金枣等 13 处非物质文化遗产。东山岛海岛品牌建设效果良好。拥有"国家生态县""中国深呼吸小城""全国首批海洋生态文明示范区百佳""全国十大美丽海岛"等 22 项荣誉称号。

二、东山岛生态指数评价

东山岛 2018 年生态指数为 64.9，生态状况为中。

在生态环境方面，东山岛此项指标分值较低，表现在植被覆盖率较低，为 34.3%左右；自然岸线保有率低，仅为 33.2%，以人工岸线为主。周边海域水质达标率得分为 100，水质较好。在生态利用方面，东山岛岛陆建设强度得分值为 84.7，岛陆开发利用强度大，岛上未实现污水和垃圾全部处理，对海岛生态环境具有一定影响。在生态管理方面，编制了海岛发展相关规划（图 9.3-2）。

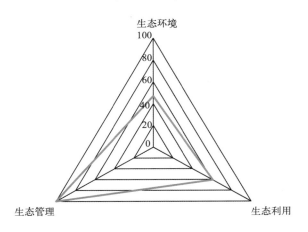

图 9.3-2　东山岛 2018 年生态指数评价

三、东山岛发展指数评价

东山岛 2018 年发展指数为 88.4，在评价的 80 个有居民海岛中排名第 17 位。

在经济发展方面，东山岛在评价的 80 个有居民海岛中位居第 13 位，地方财政收入高于我国沿海城市平均水平，人均可支配收入略低于沿海省（自治区、直辖市）人均水平。在生态环境方面，植被覆盖率和自然岸线保有率较低，岛陆建设开发强度反映了该岛的环境压力，海岛周边海域水质优良，植被覆盖率亟待进一步改善，总体生态环境分指数较低。在社会民生方面，东山岛的基础设施建设和对外交通条件均较为完善，

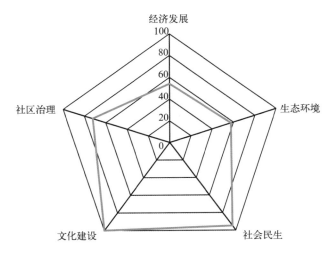

图 9.3-3　东山岛 2018 年发展指数评价

为东山岛的发展提供了有力的保障。岛上医疗卫生方面指标值为100,对东山岛的发展指数起到正面效果。在文化建设方面,教育、文化体育设施建设较为完善,能够满足岛上居民的需求。在社区治理方面,通过科学合理的规划,为东山岛的发展树立了正确的方向和目标。东山岛作为开放港口,与其他海岛相比,人口流动较为频繁,社会治安的压力大。综合分析,在文化建设、社会民生方面发展较好,社区治理、经济发展、生态环境方面尚存在不足(图9.3-3)。

四、东山岛综合评价小结

结合东山岛生态指数和海岛发展指数情况,生态指数得分64.9,发展指数得分88.4,东山岛综合发展水平较好,但生态环境总体情况仅处于基本稳定状态,需要加大生态保护与修复力度,避免生态环境与综合发展的矛盾。生态环境方面是东山岛发展的短板,应将生态文明建设放在突出的位置上,融入经济建设、政治建设、文化建设、社会建设各个方面和全过程,提高岸线的生态化率,加大植被修复,完善海岛的环境保护设施。

第四节 大嵛山岛生态指数和发展指数评价

一、海岛概况

大嵛山岛位于福建省宁德市福鼎东南海域,是福瑶列岛中最大的海岛,面积21.3 km²,岸线类型主要为基岩岸线,岸线长度为31.6 km(图9.4-1)。大嵛山岛行政上隶属福建省宁德市福鼎市嵛山镇。大嵛山又名盂山,因湖周围群峰环拱,岛中部凹陷呈盂状,旧称盂山,盂与嵛同音,故名。又因昔时嵛山古木参天,岛上渔民兼营烧炭副业,天湖山下多古炭窑,故别称窑山。

大嵛山岛立足山、湖、草、海、岛的原生态自然景观,始终坚持科学发展规划先行,积极发展宜居宜游型海岛。大嵛山岛海洋生物资源十分丰富,是闽东的最重要渔场和渔业生产基地。大嵛山岛具有丰富的景观资源,山、湖、草、海在此浓缩,其海岸绵长,有大小澳口36个,沿岸礁石林立,海蚀地貌十分突出,构成奇特的景观,被《中国国家地理》杂志评为"中国最美十大海岛",还获得"国家级生态乡镇""国家级海洋公园""国家级特色景观旅游名镇"等品牌荣誉称号。岛上还有白莲飞瀑、月亮湾、大使宫、妈祖天后宫遗址、羊鼓尾军事遗址和6个村碉堡等历史人文遗迹。随着大嵛山岛知名度的不断提升,慕名进岛游客迅速增多;2018年,全年接待游客15万人次,旅游业收入8 000万元。

大嵛山岛常住人口3 215人,有小学1所,医院1所。全岛通过交通班船往返大陆,有码头8个,公共班船航线2条,公共班船单日最多10个班次,平均单船运力

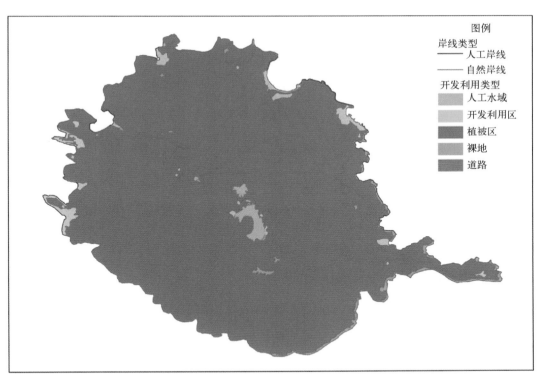

图例
岸线类型
—— 人工岸线
—— 自然岸线
开发利用类型
人工水域
开发利用区
植被区
裸地
道路

图 9.4-1　大嵛山岛 2018 年岸线和开发利用类型

150 人，有 1 000 吨级的交通班船码头，进出港受潮汐影响。岛上有湖和溪涧流的淡水资源，保障岛上安全饮水。全岛农村社保卡三合一覆盖率为 90%。

二、大嵛山岛生态指数评价

大嵛山岛 2018 年生态指数为 84.9，比 2016 年提升了 7.7，生态状况为优。海岛本底生态系统较为稳定，生态环境有了一定好转。

在生态环境方面，大嵛山岛植被覆盖率和自然岸线保有率得分较高，海岛生态环境保持良好，周边海域水质相较 2016 年有明显的改善。在生态利用方面，海岛岛陆建设强度较低，对自然环境的破坏较小。作为以旅游为主要发展产业的海岛，其环境保护设施建设尚不能满足需要，相较 2016 年，污水处理率仍然较低，但加强了岛上垃圾科学处理，做到日产日清，垃圾处理率已从 70% 提升至 100%。在生态管理方面，大嵛山通过制定的城乡规划着力推进生态建设，对天然草甸进行治理修复，努力构建绿色岛屿，加强海洋生态保护，强化岸线治理、周边无居民海岛保护和珍稀鱼贝类资源保护；对岛上的自然景观、历史遗迹采取了较为有效的保护措施（图 9.4-2）。

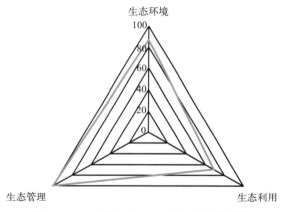

图 9.4-2　大嵛山岛 2018 年生态指数评价

三、大嵛山岛发展指数评价

大嵛山岛 2018 年发展指数为 89.7，比 2016 年提高了 9.5，在评价的 80 个有居民海岛中排第 15 位（图 9.4-3）。

在经济发展方面，大嵛山岛以渔业和旅游产业发展为主，但人均可支配收入水平低于沿海省（自治区、直辖市）平均水平。在生态环境方面，大嵛山岛植被覆盖率、自然岸线保有率和周边海域水质达标率得分较高，海岛生态环境保持良好，但污水处理率不高，影响了海岛生态环境得分。在社会民生方面，大嵛山岛供电设施完备，供水方面有待逐步完善，防波堤的防御能力需再提升；陆岛交通方式单一，受天气影响显著，不能完全满足陆岛出行需要，对海岛发展有负面影响，相比 2016 年，对外交通条件和基础设施完备状况有了进一步提升，社会保险参保率基本持平。在文化建设方面，

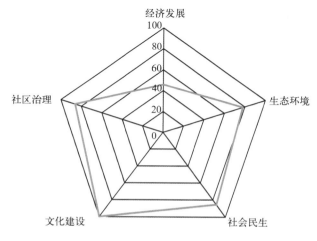

图 9.4-3　大嵛山岛 2018 年发展指数评价

大嵛山岛拥有小学 1 所，满足海岛教育需要；建有公共文化体育设施面积 3 500 m²，但人均拥有量低于我国平均水平。在社区治理方面，规划管理、村规民约建设及社会治安满意度均表现良好。大嵛山岛重视海岛品牌建设，拥有多个荣誉称号，重视自然和历史人文遗迹的保护。综合分析，大嵛山岛在生态环境、基础设施及公共服务能力方面还有提升空间，其他方面发展良好。

四、大嵛山岛综合评价小结

作为以捕捞业和养殖业为主的海岛，大嵛山岛凭借其丰富的自然资源和生物资源，积极转型发展宜居宜游型海岛。2018 年，大嵛山岛地方财政总收入大有改观，在生态环境和社会治安方面具有较大的优势，开发利用强度较小，但也有一些方面的不足：一是随着游客量的日益增长，海岛污水处理率尚不能满足需求；二是陆岛交通方式单一、受大风大雾天气影响显著，制约出行；三是受地形影响，公共文化体育设施的面积有限，在交通基础设施、社会民生及文化建设方面尚有较大的提升空间。

第五节　湄洲岛生态指数和发展指数评价

一、海岛概况

湄洲岛隶属福建省莆田市秀屿区湄洲镇，地处台湾海峡西岸中部。湄洲岛总面积 14.4 km²，岸线总长 39.0 km（图 9.5-1）。湄洲岛共辖有 11 个行政村，常住人口约 3.1 万人，以渔业为主导，旅游业次之。湄洲岛是国家 AAAA 级旅游景区，岛上有妈祖庙、麟山宫 2 处省级以上文物保护单位，有湄屿潮音、九宝澜黄金沙滩、鹅尾神石等多处自然风景名胜。湄洲岛是妈祖文化发源地，岛上的妈祖庙是全球诸多妈祖庙的祖庙。2018 年，全岛全年接待游客达 672 万人次，旅游业总收入 4.1 亿元。

二、湄洲岛生态指数评价

湄洲岛 2018 年生态指数为 75.2，比 2016 年提高了 8.1，生态状况为良，生态环境有了一定好转。

在生态环境方面，湄洲岛生态环境质量中等，植被覆盖率较低，自然岸线保有率较高，周边海域水质优于国家第二类海水水质标准，相较 2016 年，海水水质改善明显，生态环境总体状况有提升，但仍处于中等水平。在生态利用方面，岛陆建设用地面积比例处于临界状态，开发利用强度基本同 2016 年持平；污水处理方面有一定改善，污水处理率从 2016 年的 10% 提升到 2018 年的 60%。在生态管理方面，已编制《湄洲岛总体规划》。湄洲岛在 2012 年和 2013 年开展了莆田市湄洲岛生态修复示范工程，

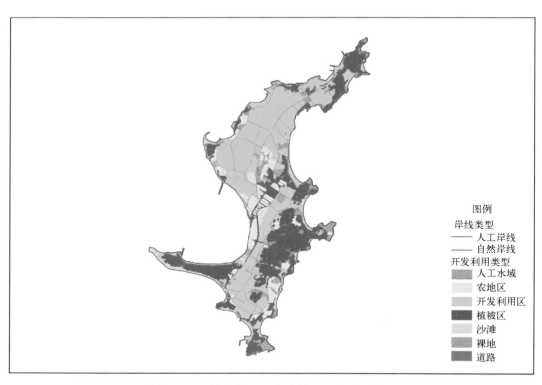

图 9.5-1　湄洲岛 2018 年岸线和开发利用类型

建设内容包括红树林生态修复工程、黄金沙滩防护林修复工程、污水处理厂配套管网工程等，同时还针对全岛的 26 条大小河流开展农村水系综合整治，修复工程实施后，海岛污水处理率提高了 50%，海岛周边海域水质达标率由 30% 提升到 100%。总体而言，开展生态修复后，湄洲岛生态状况得到一定改善，但植被覆盖率和污水处理率仍是制约该岛生态指数提升的主要因子(图 9.5-2)。

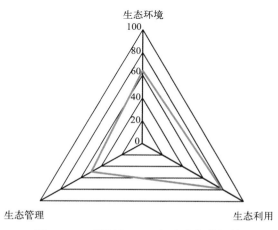

图 9.5-2　湄洲岛 2018 年生态指数评价

三、湄洲岛发展指数评价

湄洲岛 2018 年发展指数为 92.4，在评价的 80 个有居民海岛中排名第 8 位。

在经济发展方面，依托良好的生态环境、地理区位优势、妈祖文化传统、人文与自然景观，发展渔业养殖与捕捞、妈祖文化旅游、海岛休闲旅游度假等经济产业，经济效益相对较好。在生态环境方面，湄洲岛周边海域水质达标率与垃圾处理率均表现较好，尽管污水处理率有改善，但仍存在不足。在社会民生方面，水、电、道路等基础设施和对外交通均较为完善，但海岛公共卫生人员数量配比明显低于全国平均水平，农村医疗和养老等社会保障覆盖率不高。在文化建设方面，岛上有小学 10 所，中学 1 所，可满足义务教育需求；人均拥有公共文化体育设施面积高于全国平均水平。在社区治理方面，已制定《湄洲岛总体规划》，但待实施，各行政村村规民约全覆盖，警务机构和社会治安满意度较低，社区治理分指数得分较低(图 9.5-3)。

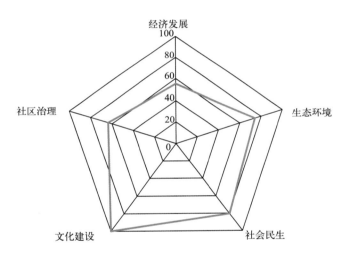

图 9.5-3　湄洲岛 2018 年发展指数评价

四、湄洲岛综合评价小结

湄洲岛开展生态修复项目后，生态环境和生态利用得到一定改善，经济发展水平和基础设施得到进一步提高和完善。湄洲岛坚持以"河湖长制"为抓手，逐步恢复河湖水体健康。通过加强沿河截污、生态补水、水系连通、绿化补植等统筹河湖库海，防治洪水沙滩冲刷，改善扩植红树林、呵护碧水金滩。目前，湄洲岛仍需在控制岛陆建设强度、完善海岛环境保护设施，改善防灾减灾、医疗条件和社会保障方面采取积极的措施，促进海岛的可持续发展。

第十章

广东省典型海岛生态指数和发展指数评价专题报告

分省(区、市)地图——广东省   1:4 300 000

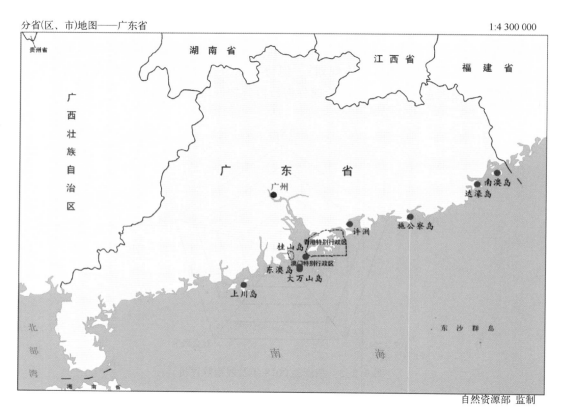

自然资源部 监制

广东省典型评价海岛地理位置示意图

第一节 施公寮岛生态指数和发展指数评价

一、海岛概况

施公寮岛,属于有居民海岛,隶属汕尾市遮浪街道,位于碣石湾西南海域,是汕尾市碣石湾内的沿岸海岛。施公寮岛共辖有 2 个行政村,常住人口 1 480 人。海岛南侧

124

及大陆沿岸海域被列为红海湾特别保护区红线区、遮浪角东人工鱼礁红线区、施公寮岛重要砂质岸线及邻近海域红线区等，海岛林地均划为林地红线，林地上的森林划入森林红线(图 10.1-1)。

施公寮岛经济发展以旅游业和海洋渔业为主，岛内交通便利，生活基础设施齐全，社会民生稳定。地方政府高度重视旅游业发展，汕尾市制定《广东汕尾新区发展总体规划(2013—2030 年)》，对施公寮岛的旅游开发做出总体部署。

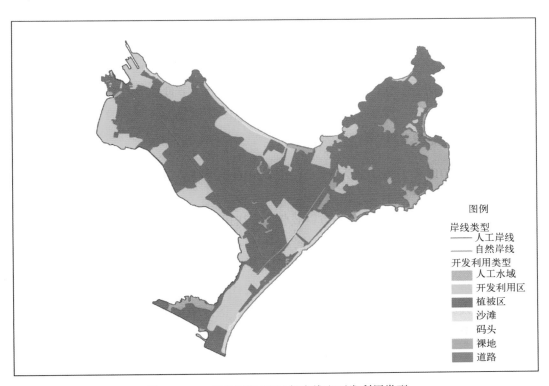

图 10.1-1　施公寮岛 2018 年岸线和开发利用类型

二、施公寮岛生态指数评价

2018 年施公寮岛生态指数为 66.5，生态状况为良，2016 年该岛生态指数为 59.4，生态状态有明显好转。

在生态环境方面，施公寮岛植被覆盖率相对较高，自然岸线保有率低于广东省海岛岸线保有率最低要求，周边海域水质相较 2016 年有一定改善，海水水质达标率达100%，生态环境分指数高。在生态利用方面，海岛岛陆建设强度低，岛上垃圾近乎全处理，但无污水处理设施，生态利用分指数中等。在生态管理方面，海岛未制定相关规划，海岛管理分指数低(图 10.1-2)。

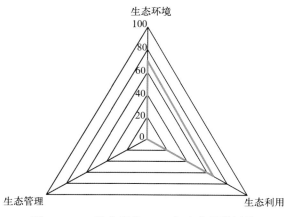

图 10.1-2　施公寮岛 2018 年生态指数评价

三、施公寮岛发展指数评价

施公寮岛 2018 年发展指数为 57.6，相较 2016 年提高 1.76，在评价的 80 个有居民海岛中排名第 61 位。

在经济发展方面，施公寮岛地方财政收入和居民人均可支配收入远低于沿海省（自治区、直辖市），海岛经济发展指标值同 2016 年相比略微下降。在生态环境方面，植被覆盖率高、开发利用强度低、海岛周边海域水质优良，但海岛污水未进行有效处理，导致生态环境分指数综合得分处于中等水平。在社会民生方面，基础设施完备，但海岛防灾减灾设施和对外交通条件有待进一步改善，医疗卫生条件较差，社会民生指数得分中等偏上。在文化建设方面，海岛教育设施满足岛民需要，人均拥有公共文化体育设施面积达到我国平均水平，文化建设分指数得分为 100。施公寮岛未制定相关规划，未设置警务机构，社会治理分指数得分较低（图 10.1-3）。

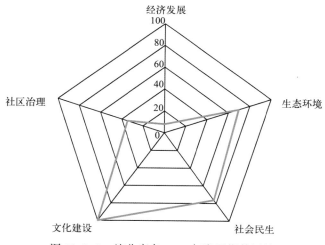

图 10.1-3　施公寮岛 2018 年发展指数评价

施公寮岛总体发展水平同 2016 年相比，没有明显改善，处于相对落后的状态。值得注意的是，相较 2016 年，施公寮岛常住人口增长了 64%。近年来，在深圳对口帮扶汕尾打赢脱贫攻坚战和粤港澳大湾区建设、革命老区振兴发展、海洋经济发展等历史机遇下，地方政府高度重视，对施公寮岛的旅游开发做出总体部署，施公寮岛应积极探索，抓住机遇，开展产业升级转型。

四、施公寮岛综合评价小结

综上所述，2018 年，施公寮岛相较 2016 年生态指数改善明显，生态状况由中转为良，但发展指数同 2016 年相比无明显改变，综合发展水平差。海岛经济基础薄弱、环境治理能力低下、基础设施不完善、社区治理不到位是制约海岛经济、社会和生态发展的重要原因。

第二节　大万山岛生态指数和发展指数评价

一、海岛概况

大万山岛隶属广东省珠海市万山海洋开发试验区，下辖 1 个行政村，常住人口 800人，是全国特色景观旅游名镇名村、广东省卫生镇。大万山岛面积为 8.2 km²，岸线长度为 18.8 km，植被覆盖率 93.4%（图 10.2-1）。

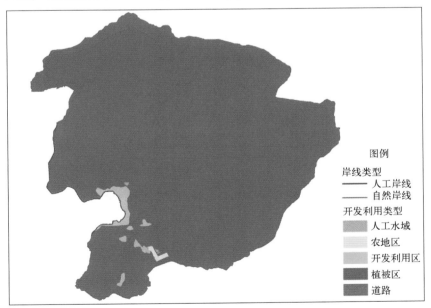

图例

岸线类型
—— 人工岸线
—— 自然岸线
开发利用类型
人工水域
农地区
开发利用区
植被区
道路

图 10.2-1　大万山岛 2018 年岸线和开发利用类型

大万山岛是珠海万山海洋开发试验区政府所在地,岛上主要产业为渔业,积极发展旅游业,2018年旅游产业总收入达3110万元,接待旅游人数4万人次。岛上万山妈祖庙为省级文物保护单位,另有浮鹰湾一处典型自然景观。大万山岛制定有《万山岛控制性详细规划》,同时结合自身的特点和优势,创建海洋生态保护区、滨海旅游度假区、海洋科技产业创新区,积极探索海岛海洋生态保护、特色海洋经济发展、高端旅游开发等活动推动全岛经济、社会发展新局面。

二、大万山岛生态指数评价

大万山岛2018年生态指数为85.7,相较2016年增长14.1,生态状况由良转优。

在生态环境方面,大万山岛植被覆盖率为93.4%,自然岸线保有率高于广东省海岛岸线保有率最低要求,海岛本底生态系统较为稳定,制约生态环境分指数的因子为周边海域水质较差。在生态利用方面,海岛岛陆建设强度低,未实现污水100%处理,在一定程度上对海岛及周边海域的生态环境产生影响,总体生态利用分指数较高。在生态管理方面,相较于2016年,地方政府加强了对大万山岛的生态管理,制定并实施《万山岛控制线详细规划》,对万山妈祖庙(又称天后宫)、浮石湾两处自然和历史人文遗迹开展保护,且在海岛周边海域设立海洋生态保护区,这一系列生态保护措施有效地促进了海岛的生态管理(图10.2-2)。

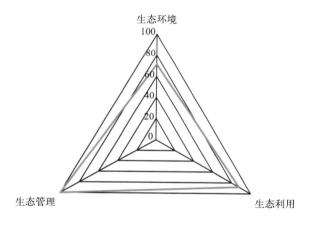

图10.2-2 大万山岛2018年生态指数评价

三、大万山岛发展指数评价

大万山岛2018年发展指数为90.3,相较2016年提高了7.6,在评价的80个有居民海岛中排名第13位。

大万山岛地方财政收入相较2016年增长59%,居民人均可支配收入增长26%,海岛的经济实力有所提升。海岛植被覆盖率、自然岸线保有率高于其他大多数参评海岛，海岛岛陆建设强度相对较低，生态环境分指数得分较高。在社会民生方面，大万山岛基础设施完备，但防灾减灾建设能力需提高；同2016年相比，海岛医疗卫生人员数有一定增多，整体社会民生发展水平较高。在文化建设方面，海岛教育设施满足海岛基础教育需求，人均拥有公共文化体育设施面积相较2016年有提高，文化建设分指数得分处于高水平。大万山岛已制定并实施相关规划，社会治安满意度整体较高，社会治理分指数得分处于高水平。同时，大万山岛重视海岛品牌建设和历史人文遗迹保护，目前已获得6项省级以上荣誉称号，有多处自然和历史人文遗迹采取了有效保护（图10.2-3）。

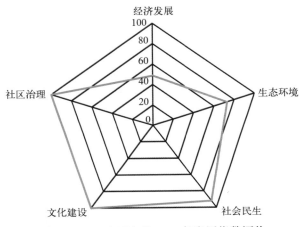

图 10.2-3　大万山岛 2018 年发展指数评价

四、大万山岛综合评价小结

综上所述，大万山岛生态指数、发展指数得分均为优，较2016年评价结果"中等水平"有了明显改善，反映出大万山岛生态环境整体状况良好，综合发展水平优良。大万山岛定位为旅游开发海岛，目前正积极申报大万山岛重点海湾整治项目，开展沙滩修复，以满足海岛旅游景观开发的需要，进而实现大万山岛经济高质量发展。评价结果表明周边海域水质较差、污水处理能力不强、经济发展实力依然较弱等，是海岛经济社会生态发展的制约因素。

第三节　桂山岛生态指数和发展指数评价

一、海岛概况

桂山岛隶属广东省珠海市香洲区，是珠海万山海洋开发试验区的政治、经济和文化中心，下辖 2 个行政村，2018 年常住人口 2 200 人，相较 2016 年，常住人口明显减少（图 10.3-1）。该岛原名垃圾尾，1950 年 5 月，中国人民解放军"桂山"号炮艇全体官兵在此岛登陆并壮烈牺牲，为纪念"桂山"号先烈，于 1954 年把此岛更名为桂山岛。

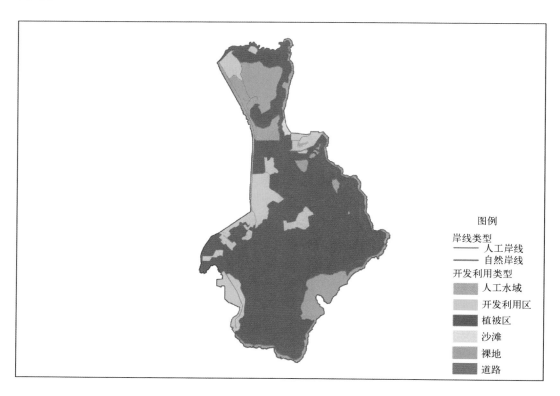

图 10.3-1　桂山岛 2018 年岸线和开发利用类型

桂山岛是各国船只通往珠江口的海上交通要道，港珠澳大桥贯穿桂山岛海域，具有重要的战略地位。2018 年桂山岛居民人均可支配收入达 2.5 万元。

二、桂山岛生态指数评价

桂山岛 2018 年生态指数为 74.7，相较 2016 年，提高 7.5，生态状况依然保持良。

在生态环境方面，桂山岛植被覆盖率较高，但相较 2016 年，植被覆盖率有一定下降，自然岸线保有率低于广东省海岛岸线保有率最低要求，周边海域水质较差，同 2016 年相比，海岛生态环境分指数依然得分较低。在生态利用方面，海岛岛陆建设强度相对较低，但相较 2016 年，开发强度有略微增大，海岛污水和垃圾得到有效处理，环境保护力度较大，生态利用分指数高。相较 2016 年，桂山岛在海岛管理方面重视程度明显加强，2018 年，海岛已制定《桂山岛城市设计及控制性详细规划》，对海岛进行科学规划管理，海岛生态管理分指数高。桂山岛有桂山妈祖庙和万山海战桂山登陆点纪念碑两处历史人文遗迹并采取了有效保护措施(图10.3-2)。

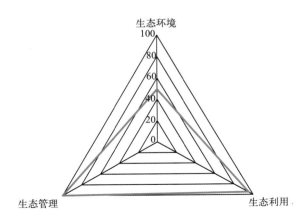

图 10.3-2　桂山岛 2018 年生态指数评价

三、桂山岛发展指数评价

桂山岛 2018 年发展指数为 89.6，相较 2016 年提高 8.6 分，在评价的 80 个有居民海岛中排名第 16 位。

在经济发展方面，桂山岛单位面积财政收入较高，高于沿海省(自治区、直辖市)平均水平，在评价的 80 个有居民海岛中排名第 12 位，居民人均可支配收入低于沿海省(自治区、直辖市)平均水平，经济发展分指数得分处于中等水平，在沿海地区经济高速发展的背景下，相较 2016 年，桂山岛经济发展增速慢，经济发展分指数反而降低。在生态环境方面，桂山岛大力完善污水和垃圾处理等基础设施，全力打造美化、绿化、亮化海岛，每年投入近百万元经费进行环卫保洁和绿化养护工作招标，创造海岛良好的人居环境。总体而言，海岛生态环境状况良好，但相较于 2016 年，生态环境分指数也有一定下降。在社会民生方面，海岛公共配套设施完备，近年来，强化陆岛统筹，完善码头、水库等民生工程建设，社会民生整体发展水平高，防灾减灾能力建设和医疗卫生水平需改进。在文化建设方面，教育设施满足海岛基础教育需求，公共文化体育设施也满足海岛人民需求，文化建设分指数得分处于高水平。在社区治理方面，桂山岛已制定《桂山岛城市设计及控制性详细规划》，为桂山岛的科学开发和保护提供了方向和指导，相较 2016 年，桂山岛的社会治理分指数明显提高。桂山岛重视海岛品牌建设和历史人文遗迹保护，目前已获得 2 项省级以上荣誉称号，有 2 处历史人文遗迹(图10.3-3)。

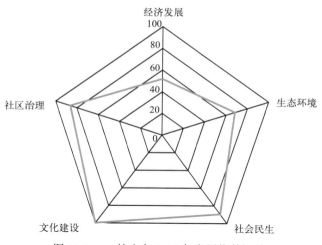

图 10.3-3　桂山岛 2018 年发展指数评价

四、桂山岛综合评价小结

综上所述，桂山岛生态指数同 2016 年相比有提高，但生态状况依然保持良；海岛发展指数得分同 2016 年相比也有一定提高，综合排名较为靠前，反映出桂山岛生态环境整体状况较好，综合发展水平较高。桂山岛以特色海洋旅游和美丽渔村改造为抓手，引入社会投资，改造海岛特色村屋民宿，加快推进传统渔业转型发展，打造海岛特色休闲渔业，是其经济发展过程中的经验做法。为促进粤港澳大湾区社会经济发展需要，桂山岛正积极推进海岸线生态修复和重点海湾整治工程，拟开展海豚湾沙滩治理、提升旅游及相关产业的经济价值，以满足当地政府发展滨海旅游经济和群众娱乐休闲的需求。评价结果表明，桂山岛经济发展水平同沿海地区及发展排名靠前的海岛相比，仍有一定差距；其次，周边海域水质环境较差是制约海岛经济社会发展的重要因素。

第四节　上川岛生态指数和发展指数评价

一、海岛概况

上川岛隶属广东省江门市台山市川岛镇，是台山市西南部的近岸海岛，为有居民海岛，常住人口 6 200 人。其与下川岛之间为海，水之东者为上，西者为下，此岛处东，故名上川岛。

上川岛面积为 120.4 km²，岸线长度为 172.9 km（图 10.4-1）。上川岛植被覆盖率 91.2%，岛上有省级文物保护单位 2 处，分别是方济各·沙勿略墓园和大洲湾遗址；有 2 处历史人文遗迹，分别是新地村天主堂遗址和石笋村航海标志。

2018 年上川岛所在的川岛镇实现地方财政收入为 2 059 万元，上川岛居民人均可支配收入为 17 248 元，旅游业总收入 2.1 亿元。实现生活垃圾外运处理，无污水处理设施；实现集中无限时供水、供电。公共交通航线已开通 2 条，分别是上川三洲码头至山咀码头、上川三洲码头至下川独湾码头，航船班次视旅客情况而定。岛上有 1 所医院，4 所卫生所，医护人员 47 人。养老保险覆盖率达 93.2%，医疗保险覆盖率达 98.5%。有 1 所小学和 1 所中学，公共文化体育设施面积 7 208 m²。村规民约实现全覆盖，岛上设有上川派出所。

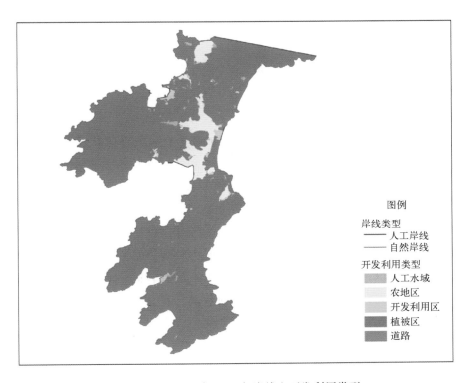

图 10.4-1　上川岛 2018 年岸线和开发利用类型

二、上川岛生态指数评价

2018 年上川岛生态指数为 67.8，生态状况为良。

在生态环境方面，上川岛自然岸线保有率较高，植被覆盖率高，但周边海域水质较差，总体生态环境分指数处于中等水平。在生态利用方面，海岛岛陆建设强度偏低，实现垃圾外运处理，无污水处理设施，对海岛及周边海域生态环境造成一定影响，生态利用分指数处于中等水平。在生态管理方面，海岛未制定相关规划，海岛生态管理有待加强(图 10.4-2)。

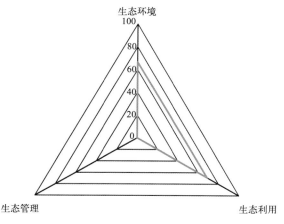

图 10.4-2 上川岛 2018 年生态指数评价

三、上川岛发展指数评价

上川岛 2018 年发展指数为 69.5，在评价的 80 个有居民海岛中排名第 43 位。

在经济发展方面，上川岛单位面积财政收入和居民人均可支配收入均偏低，低于沿海省（自治区、直辖市）平均水平，海岛经济发展实力相对较弱。在生态环境方面，优势项为海岛植被覆盖率高，自然岸线保有率高，海岛岛陆建设强度低，但周边海域水质达标率低，无污水处理设施，总体生态环境分指数得分偏低。在社会民生方面，上川岛实现集中无限时供水、供电，防灾减灾能力较强，对外交通条件完善，可满足生产、生活出行需求，每千名常住人口公共卫生人员数较高，养老保险、医疗保险等社会保障覆盖率较高，社会民生指数得分相对较高。在文化建设方面，海岛教育设施齐全，满足海岛基础教育需求，人均拥有公共文化体育设施面积排名较高，文化建设分指数得分较高。在社区治理方面，上川岛未制定相关规划，村规民约实现全覆盖，设有上川派出所，社会治安满意度高，社会治理分指数得分处于中等水平（图 10.4-3）。

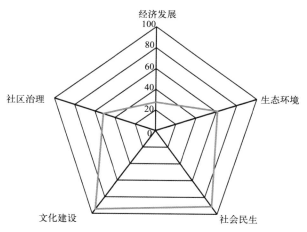

图 10.4-3 上川岛 2018 年发展指数评价

四、上川岛综合评价小结

综上所述，上川岛生态指数为良，发展指数处于中下水平，反映出上川岛生态环境整体状况良，综合发展水平一般。海岛经济基础薄弱、环境治理能力较低、基础设施不完善是制约海岛经济、社会和生态发展的重要因素。

第五节　南澳岛生态指数和发展指数评价

一、海岛概况

南澳岛隶属广东省汕头市南澳县，是汕头市东部的近岸海岛，为有居民海岛，常住人口约6万人。"南"表示"南方"，"澳"指的是可以泊船之地，故称南澳岛。

南澳岛面积为108.0 km²，岸线长度为82.1 km，植被覆盖率83.9%（图10.5-1）。岛上有省级文物保护单位和非物质文化遗产6处(项)，分别是后宅渔灯赛会、猎屿铳城、深奥康氏宗祠、南澳古城墙、大谭摩崖石刻和南澳1号水下文物保护区。

南澳岛以渔业和旅游业为主要产业，工业也较为发达，2018年全年接待游客670万人次，居民人均可支配收入为14 844元。南澳岛有桥梁同大陆相连，道路交通良好，进出岛公交车能够满足对外交通需要。实现垃圾处理率100%，污水处理尚未达到100%；实现分散无限时供水、供电。岛上有1所医院，4所卫生所，医护人员190人。农村社保卡三合一覆盖率达98%。有7所小学，5所中学。村规民约实现全覆盖，海岛治安满意度较高。

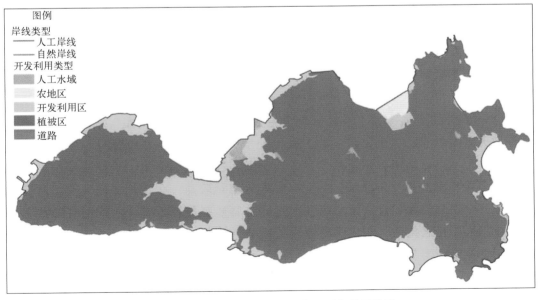

图10.5-1　南澳岛2018年岸线和开发利用类型

二、南澳岛生态指数评价

2018 年南澳岛生态指数为 93.8,生态状况为优。

在生态环境方面,南澳岛自然岸线保有率较低,低于广东省海岛自然岸线保有率最低要求,植被覆盖率高,周边海域水质优良。在生态利用方面,海岛岛陆建设强度低,污水处理率尚未达到 100%,对海岛及周边海域生态环境造成轻微影响。在生态管理方面,海岛已制定并实施南澳县城乡总体规划,且对岛上的历史人文遗迹实施有效管理。总体而言,海岛生态状况好、稳定,海岛保护与管理效果好(图 10.5-2)。

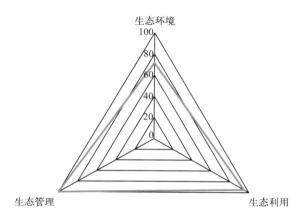

图 10.5-2 南澳岛 2018 年生态指数评价

三、南澳岛发展指数评价

南澳岛 2018 年发展指数为 88.0,在评价的 80 个有居民海岛中排名第 18 位。

在经济发展方面,南澳岛单位面积财政收入较低,居民人均可支配收入偏低,经济发展分指数得分偏低,海岛经济发展实力相对较弱。在生态环境方面,海岛植被覆盖率高,自然岸线保有率相对较低,海岛岛陆建设强度低,周边海域水质达标率 100%,垃圾处理率较高,生态环境分指数得分较高。在社会民生方面,南澳岛实现分散无限时供水、供电,防灾减灾能力处于中等水平,对外交通条件完善,可满足生产、生活出行需求,每千名常住人口公共卫生人员数较低,养老保险、医疗保险等社会保障覆盖率较高,社会民生指数得分相对较高。在文化建设方面,海岛教育设施齐全,小学数量符合国家标准,满足海岛基础教育需求,人均拥有公共文化体育设施面积排名偏低,文化建设分指数得分为中等水平。在社区治理方面,海岛已制定并实施南澳县城乡总体规划,村规民约实现全覆盖,社会治理分指数得分较高(图 10.5-3)。

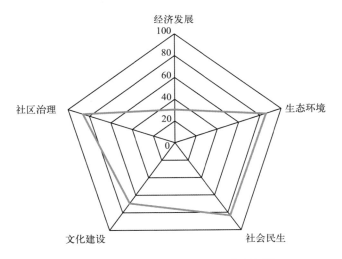

图 10.5-3　南澳岛 2018 年发展指数评价

四、南澳岛综合评价小结

综上所述，南澳岛生态指数得分为优，发展指数得分处于较高水平，反映出南澳岛生态环境整体状况良好，综合发展水平较高。海岛经济基础薄弱是制约海岛经济、社会和生态发展的重要因素。

第六节　达濠岛生态指数和发展指数评价

一、海岛概况

达濠岛隶属广东省汕头市濠江区，是汕头市区南部的沿岸海岛，已成为市区的一部分，常住人口 28 万人。清康熙五十六年(1717 年)建城，称达濠城，因此得名达濠岛。

达濠岛面积为 79.7 km²，岸线长度为 53.6 km。达濠岛植被覆盖率达 52.8%(图 10.6-1)。达濠岛上有省级文物保护单位 2 处，分别是达濠古城墙和万人冢；典型的自然或历史人文遗迹 15 处，分别是青云岩、英国领事署旧址、玉石玄帝古庙、礐石潮海关赋税司公馆、德州岛灯塔、河渡营盘山摩崖石刻、广澳炮台遗址、渡江亭、岗背摩崖石刻、河渡炮台遗址、吴氏家庙(乌字祠)、吴氏家庙(红字祠)、滨海丁氏宗祠、礐石基督教堂、河浦叠石山摩崖石刻群；有 63 棵古木名树，以热带、亚热带科属为主，优势种为榕树、木棉、秋枫。

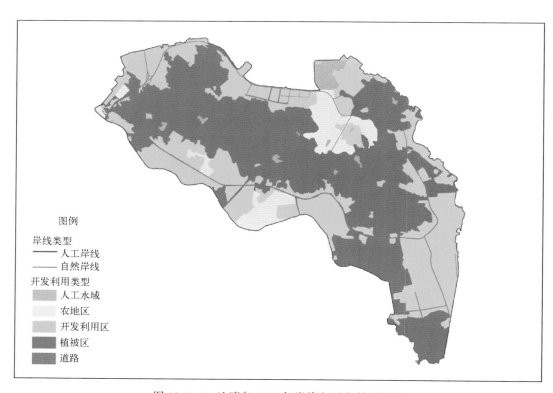

图 10.6-1　达濠岛 2018 年岸线和开发利用类型

2018 年，达濠岛居民人均可支配收入为 23 993 元。海岛基础设施完备，实现集中无限时供水、供电，实现垃圾处理率 100%，建有污水处理厂，年处理能力 1 330 万 t/年。达濠岛有桥梁同大陆相连，道路交通良好，进出岛公交车能够满足对外交通需要。岛上有 4 所医院，36 所卫生所，医护人员 1 000 余人。养老保险覆盖率达 98%，医疗保险覆盖率达 98.8%。有 43 所小学和 13 所中学，公共文化体育设施面积约 10 万 m²。

二、达濠岛生态指数评价

2018 年达濠岛生态指数为 80.2，生态状况为优。

在生态环境方面，达濠岛自然岸线保有率低，植被覆盖率较低，周边海域水质优良。在生态利用方面，海岛岛陆建设强度低，垃圾处理率 100%，污水处理率 100%，对海岛及周边海域生态环境造成影响较小。在生态管理方面，海岛已制定并实施相关规划，且对岛上的古树名木等开展了有效保护。海岛生态状况总体良好、稳定，海岛保护与管理效果好。制约生态指数的限制因子是自然岸线保有率和植被覆盖率(图 10.6-2)。

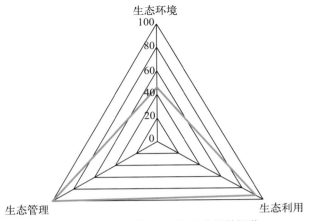

图 10.6-2　达濠岛 2018 年生态指数评价

三、达濠岛发展指数评价

达濠岛 2018 年发展指数为 89.7，在评价的 80 个有居民海岛中排名第 14 位。

在经济发展方面，达濠岛单位面积财政收入和居民人均可支配收入均偏低，低于沿海省（自治区、直辖市）平均水平，经济发展分指数得分偏低，海岛经济发展实力相对较弱。在生态环境方面，海岛植被覆盖率中等，自然岸线保有率低，海岛岛陆建设强度低，环境保护设施完善，生态环境分指数得分相对较高。在社会民生方面，达濠岛实现集中无限时供水、供电，防灾减灾能力建设满足海岛需求，对外交通条件完善，可满足生产、生活出行需求，每千名常住人口公共卫生人员数为中等水平，养老保险、医疗保险等社会保障覆盖率较高，社会民生指数得分高。在文化建设方面，海岛教育设施齐全，满足了海岛基础教育需求，人均拥有公共文化体育设施面积较少，文化建设分指数得分为中等水平。在社会治理方面，海岛已制定并实施相关规划，设有达濠派出所，社会治理分指数得分较高（图 10.6-3）。

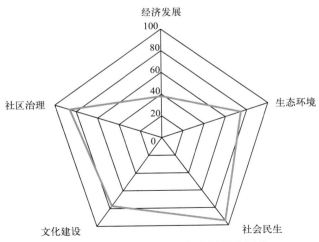

图 10.6-3　达濠岛 2018 年发展指数评价

四、达濠岛综合评价小结

综上所述，达濠岛生态指数得分为优，发展指数得分处于较高水平，反映出达濠岛生态环境整体状况良好，综合发展水平较高。海岛经济基础薄弱、自然岸线保有率低、公共文化体育设施不足是制约海岛经济、社会和生态发展的重要因素。

第七节　东澳岛生态指数和发展指数评价

一、海岛概况

东澳岛隶属广东省珠海市香洲区东南部，位于万山群岛中部，为有居民海岛，常住人口800人。该岛呈"工"字形，由花岗岩构成，北部高，南部次之，中间低，东侧东澳湾和西侧南沙湾向中部楔入，形成此岛蜂腰部，宽仅0.7 km，表层为黄沙土。南、北坡茅草丛生，山谷间灌木茂密，间有相思树、苦楝树、马尾松等，淡水充足。岛上有一处历史人文遗迹，为东澳铳城。

东澳岛面积为4.6 km²，岸线长度为15.2 km。东澳岛植被非常茂盛，植被覆盖率高达94.1%（图10.7-1）。2018年东澳岛居民人均可支配收入为22 600元。岛上基础

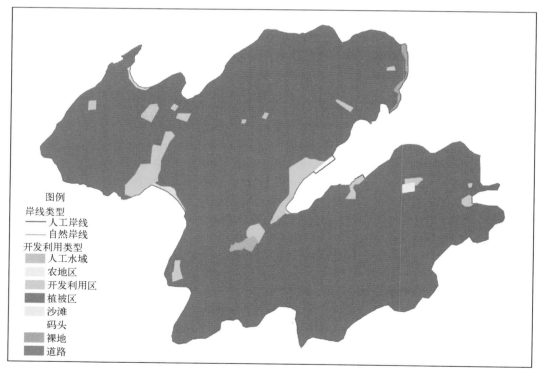

图10.7-1　东澳岛2018年岸线和开发利用类型

设施完备，供水、供电、通信设施齐全，建有污水处理厂，处理能力为 7 300 t/年；海岛垃圾全部外运，实现垃圾处理率 100%。东澳岛进出岛码头有 2 个，对外交通航线为香洲港—东澳岛。岛上无学校，有 1 所卫生所，医护人员 7 人。农村社保卡三合一覆盖率达 100%。村规民约实现全覆盖，岛上设有东澳派出所，社会治安有保障。

东澳岛制定了《东澳岛控制性详细规划》，对海岛开发和利用开展科学规划，先后获得"国家 AAAA 级旅游景区""省级文明村""省级卫生村"等荣誉称号。

二、东澳岛生态指数评价

2018 年东澳岛生态指数为 85.9，生态状况为优。海岛生态状况良好、稳定，海岛保护与管理效果好。

在生态环境方面，东澳岛自然岸线保有率和植被覆盖率均较高，海岛原生态环境优越。在生态利用方面，海岛岛陆建设强度低，海岛垃圾和污水均得到有效处理，但周边海域水质达标率低，生态利用分指数受较大影响。在生态管理方面，海岛已制定并实施相关规划，生态管理到位。制约生态指数的限制因子是海岛周边海域水质差（图 10.7-2）。

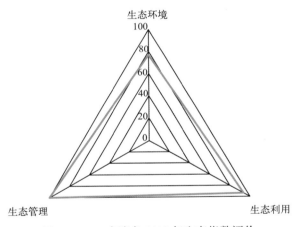

图 10.7-2　东澳岛 2018 年生态指数评价

三、东澳岛发展指数评价

东澳岛 2018 年发展指数为 95.8，在评价的 80 个有居民海岛中排名第 3 位。

在经济发展方面，东澳岛单位面积财政收入较高，在评价的 80 个有居民海岛中排名第 11 位，高于沿海省（自治区、直辖市）平均水平；居民人均可支配收入偏低，低于沿海省（自治区、直辖市）平均水平，经济发展分指数得分偏低。在生态环境方面，海岛植被覆盖率和自然岸线保有率高，海岛岛陆建设强度低，海岛垃圾、污水处理率高，但周边海域水质达标率低，总体生态环境分指数中等偏上。在社会民生方面，东澳岛实现集中无限时供水、供电，对外交通条件可满足海岛需求，医疗保险等社会保障覆盖率较高，但防灾减灾能力建设略微不足，总体社会民生指数得分高。在文化建设方面，海岛公共文化体育设施满足海岛人民需求，文化建设分指数高。在社区治理方面，海岛已制定并实施相关规划，社会治安有保障，社会治理分指数高。岛上的人文历史遗迹得到有效保护，总体发展指数高(图 10.7-3)。

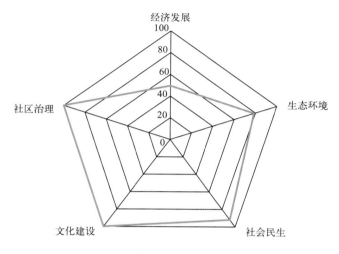

图 10.7-3 东澳岛 2018 年发展指数评价

四、东澳岛综合评价小结

综上所述，东澳岛生态状况优良，综合发展水平较高。东澳岛是珠海市旅游的典型海岛，自 2010 年开始，东澳岛即开展海岛科学规划。海岛原生态保持良好，各项基础设施齐全，是其生态指数和发展指数评价结果突出的原因。评价结果表明，海岛经济基础依然较薄弱、海岛周边海域水质较差、防灾减灾设施不够完善是制约海岛经济、社会和生态发展的重要因素。

第八节 许洲生态指数评价

一、海岛概况

许洲隶属广东省惠州市大亚湾区澳头街道办事处，属于近岸海岛，是无居民海岛。因该岛有一姓许人氏墓地，故名许洲。许洲面积 76.0 hm²，岸线长 5.1 km(图 10.8-1)。许洲位于大亚湾水产资源省级自然保护区核心区范围，没有开发利用活动，但有一些临时占用海岛的活动和行为。

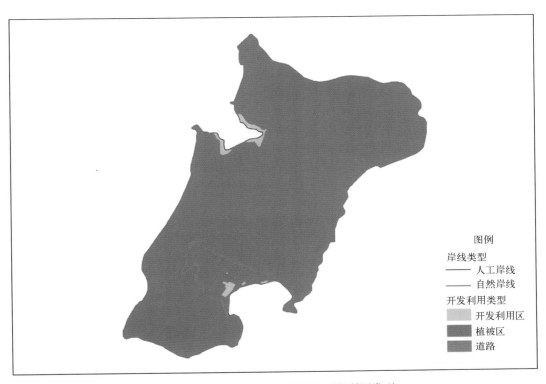

图 10.8-1　许洲 2018 年岸线和开发利用类型

二、许洲生态指数评价

2018 年许洲岛生态指数为 92.3，生态状况为优。

许洲岛植被覆盖率高，自然岸线保有率高，周边海域水质良好，现无开发利用活动。许洲已制定《惠州市大亚湾许洲保护和利用规划》，但尚未实施（图 10.8-2）。

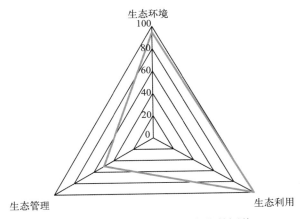

图 10.8-2　许洲 2018 年生态指数评价

第十一章

广西壮族自治区和海南省典型海岛生态指数和
发展指数评价专题报告

分省(区、市)地图——广西壮族自治区　　　　　　　　　　　　　　　1:4 400 000

自然资源部 监制

广西壮族自治区典型海岛地理位置示意图

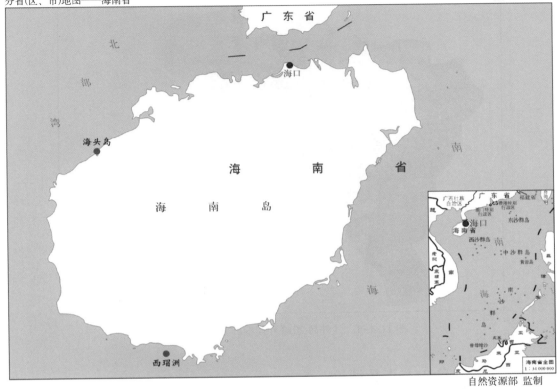

海南省典型海岛地理位置示意图

第一节 沙井岛生态指数和发展指数评价

一、海岛概况

沙井岛隶属广西壮族自治区钦州市钦南区，是钦州湾内的近岸海岛，为有居民海岛。因海岛位于沙井村附近，故名。

沙井岛面积为 17.4 km²，岸线长度为 24.9 km。沙井岛植被覆盖率 61.3%（图 11.1-1）。沙井岛具有较丰富的景观资源，包括康王庙、3 棵登记在册的古树（榕树）等。

2018 年实现生活垃圾外运处理，实现集中无限时供水、供电。沙井岛有道路同大陆相连，道路交通良好，能够满足对外交通需要。防潮堤等级为 50 年一遇或以上标准。岛上有 1 所卫生所，执业医师 1 人，医护人员 1 人。养老保险覆盖率达 95%，医疗保险覆盖率达 97%。有 1 所小学，班级 14 个，学生 80 人；公共文化体育设施面积 500 m²。村规民约实现全覆盖，岛上设有钦州市公安局沙井边防派出所。

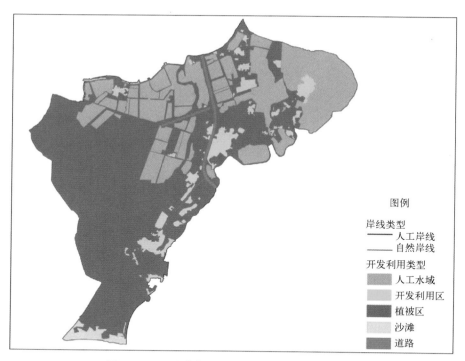

图 11.1-1　沙井岛 2018 年岸线和开发利用类型

二、沙井岛生态指数评价

2018 年沙井岛生态指数为 64.4，生态状况为中。

在生态环境方面，沙井岛自然岸线保有率相对较高，植被覆盖率较高，周边海域水质较差，海岛岛陆建设强度偏低。在生态利用方面，实现垃圾外运处理，建有污水处理设施，未实现污水 100% 处理，对海岛及周边海域生态环境造成一定影响。在生态管理方面，海岛未制定相关规划(图 11.1-2)。

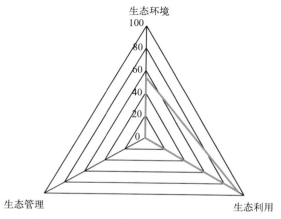

图 11.1-2　沙井岛 2018 年生态指数评价

三、沙井岛发展指数评价

沙井岛 2018 年发展指数为 55.7，在评价的 80 个有居民海岛中排名第 67 位。

在经济发展方面，沙井岛单位面积财政收入低，居民人均可支配收入较低，经济发展分指数得分低，海岛经济发展实力弱。在生态环境方面，海岛植被覆盖率属于中等水平，自然岸线保有率较高，海岛岛陆建设强度较低，周边海域水质达标率偏低，污水未实现 100% 处理，垃圾处理率 100%，生态环境分指数得分处于中等水平。在社会民生方面，沙井岛实现集中无限时供水、供电，防灾减灾能力强，对外交通条件完善，可满足生产、生活出行需求，每千名常住人口公共卫生人员数较少，养老保险、医疗保险等社会保障覆盖率较高，社会民生指数得分中等。在文化建设方面，海岛教育设施齐全，小学数量符合国家标准，满足海岛基础教育需求，人均拥有公共文化体育设施面积排名较低，文化建设分指数得分中等。在社区治理方面，沙井岛未制定相关规划，村规民约覆盖全部行政村，设有钦州市公安局沙井边防派出所，社会治理分指数得分中等（图 11.1-3）。

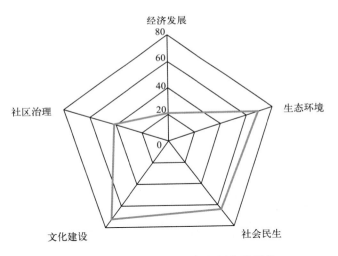

图 11.1-3　沙井岛 2018 年发展指数评价

四、沙井岛综合评价小结

综上所述，沙井岛生态指数得分处于中等水平，发展指数得分低，反映出沙井岛生态环境整体状况一般，综合发展水平差。海岛经济基础薄弱、环境治理能力偏低、基础设施不完善是制约海岛经济、社会和生态发展的重要因素。

第二节　海头岛生态指数和发展指数评价

一、海岛概况

海头岛隶属海南省儋州市海头镇，是村级有居民海岛。海头岛位于儋州市西岸，珠碧江口，西临北部湾。2018 年常住人口 7 000 余人。

海头岛面积为 2.1 km²，岸线长度为 6.0 km，分布有基岩岸线和沙砾质岸线，植被覆盖率 54.2%，有古酸豆树 7 株(图 11.2-1)。岛上有地下淡水，但供应淡水主要通过大陆引水工程保障。岛上目前没有污水处理厂，垃圾以压缩外运为主，海岛的供电、通信和防灾减灾基础设施良好。已修建陆岛桥梁 2 座，桥长 300 m，并开通了陆岛公交满足岛民和公众交通需求。岛上医疗保险覆盖率 99%，但养老保险覆盖率不高。现有医院 1 所，卫生所 3 所，基本满足海岛居民医疗需求。有初级中学 1 所，小学 3 所，九年义务教育设施和服务完备。已建有公共文化体育设施 18 125 m²。

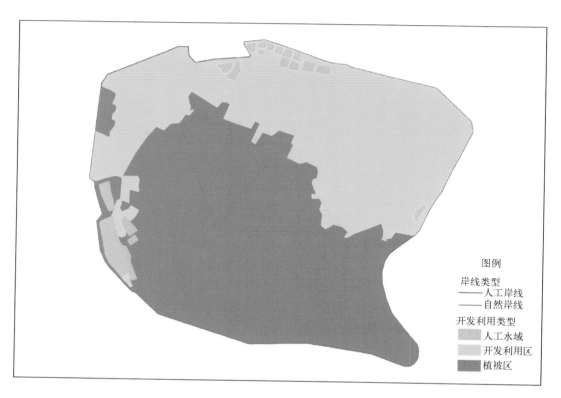

图 11.2-1　海头岛 2018 年岸线和开发利用类型

二、海头岛生态指数评价

海头岛 2018 年生态指数为 73.5，总体生态状况为良。

海头岛植被覆盖率和自然岸线保有率较高，周边海域水质良好，海岛生态环境保持良好。海岛岛陆建设用地面积占海岛面积比例超过 20%，尚没有污水集中处理设施，对海岛生态环境具有一定的影响，需要改进。在海岛的生态保护方面，已经制定和实施了《海头镇区规划》，并开展了岛上古树的登记、标示和保护，采取了积极有效的生态管理和保护措施(图 11.2-2)。

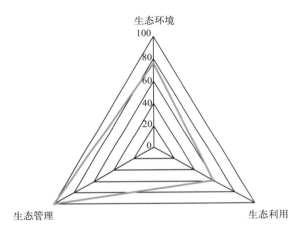

图 11.2-2　海头岛 2018 年生态指数评价

三、海头岛发展指数评价

海头岛 2018 年发展指数为 73.2，在评价的 80 个有居民海岛中排名第 39 位。

在经济发展方面，海头岛的单位面积财政收入和居民人均可支配收入远低于我国沿海省(自治区、直辖市)平均水平，经济实力相对较弱。在海岛生态环境方面，海头岛植被覆盖率、周边海域水质达标率和垃圾处理率得分较高，污水处理率较低，影响了海岛生态环境得分。在社会民生方面，海头岛供电、供水、海岛交通等基础设施较为完备，社会养老保障提升潜力较大，该岛的医疗卫生人员较为充足。在文化建设方面，教育设施和公共文化体育设施较为完备。在社区治理方面，规划管理、村规民约、社会治安满意度建设均表现良好。综合分析，海头岛经济发展相对较弱，生态环境和社会民生存在不足，文化建设和社区治理方面表现良好(图 11.2-3)。

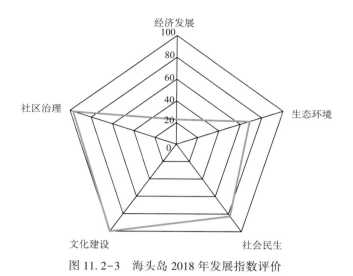

图 11.2-3　海头岛 2018 年发展指数评价

四、海头岛综合评价小结

　　海头岛紧邻大陆，是海头镇的一部分，海岛社会经济与大陆融合度高，因此海岛的生态环境和综合发展情况受所处区域的影响较大。总体来说，海头岛生态环境良好，综合发展水平较好。目前，经济实力较弱是海头岛综合发展的主要问题，污水处理设施配套与完善、社会民生保障方面也需要加强。

第三节　西瑁洲生态指数和发展指数评价

一、海岛概况

　　西瑁洲隶属海南省三亚市天涯区，是村级有居民海岛。2018 年常住人口近 4 000人。西瑁洲也称"西岛"，位于三亚湾的中心位置，与东瑁洲邻海相望，是海南最大的原住民旅游海岛（图 11.3-1）。

　　西瑁洲面积为 2.0 km²，岸线长度为 6.5 km，分布有基岩岸线、沙砾质岸线和少量人工岸线，植被覆盖率 62.2%（图 11.3-2）。西瑁洲周边海域为国家级珊瑚礁自然保护区，是世界公认潜水胜地之一。三亚珊瑚礁国家级自然保护区在西瑁洲建设珊瑚培育实验中心，2017 年建成并投入使用，主要用于珊瑚礁生态修复以及相关海洋科学研究。

　　西瑁洲是三亚热门的旅游目的地之一，国家 AAAA 级旅游景区，以白沙滩、珊瑚礁、椰林和宜人的气候吸引四方游客。岛上旅游基础设施完备，还拥有百年珊瑚礁老房、女民兵展览馆、海上书房等人文景观。岛上无淡水资源，主要通过大陆引水工程供应淡水。岛上目前没有污水处理厂，垃圾以压缩外运为主，海岛的供电、通信和防

图 11.3-1 西瑁洲风貌

灾减灾基础设施良好。岛上有陆岛码头一座，一般每天开通西岛往返肖旗港的航渡班轮各 1 班，在旅游旺季加开班轮。岛上医疗保险和养老保险覆盖率均为 98%，现有卫生所 1 所，医护人员 5 名，仅满足海岛居民基本医疗需求，医疗保障有待改善。岛上有小学 1 所，已建有公共文化体育设施 1 200 m^2。

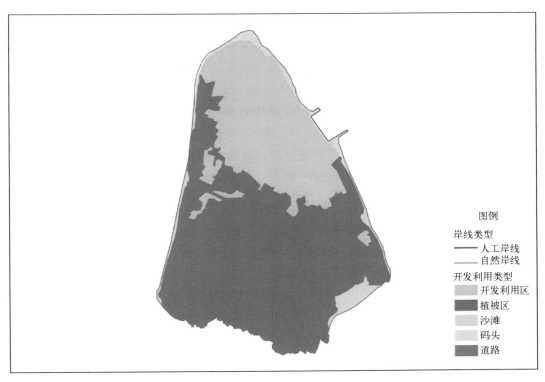

图 11.3-2 西瑁洲岸线和开发利用类型

二、西瑁洲生态指数评价

西瑁洲 2018 年生态指数为 75.9，总体生态状况为良。

西瑁洲植被覆盖率和自然岸线保有率较高,周边海域水质良好,海岛生态环境保持良好。海岛岛陆建设用地面积占海岛面积比例超过 20%,尚没有污水集中处理设施,对海岛生态环境具有一定的影响,需要改进。在海岛生态管理方面,已经制定和实施了《西岛美丽渔村规划》(图 11.3-3)。

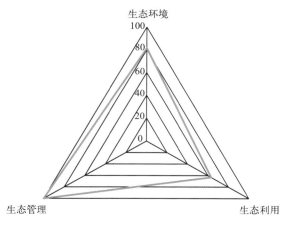

图 11.3-3　西瑁洲 2018 年生态指数评价

三、西瑁洲发展指数评价

西瑁洲 2018 年发展指数为 74.2,在评价的 80 个有居民海岛中排名第 38 位(图 11.3-4)。

在经济发展方面,西瑁洲的单位面积财政收入和居民的人均可支配收入远低于我国沿海省(自治区、直辖市)平均水平,经济实力相对较弱。在海岛生态环境方面,西

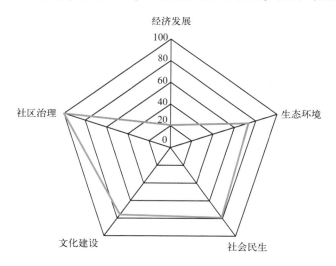

图 11.3-4　西瑁洲 2018 年发展指数评价

瑁洲植被覆盖率、周边海域水质达标率和垃圾处理率得分较高，污水处理率较低，影响了海岛生态环境得分。在社会民生方面，西瑁洲供电、供水等基础设施较为完备，陆岛交通尚不能完全满足公众出入岛需求，该岛的医疗卫生人员较为充足。在文化建设方面，教育设施和公共文化体育设施较为完备，公共文化体育设施不足。在社区治理方面，规划管理、村规民约、社会治安满意度建设均表现良好。综合分析，西瑁洲岛经济发展实力较弱，生态环境、社会民生和文化建设存在不足，社区治理表现良好。

四、西瑁洲综合评价小结

西瑁洲作为拥有原住居民的旅游海岛，应以打造美丽渔村、生态岛礁为目标，在发展旅游的同时，保护海岛的自然风貌、沙滩、生物栖息地和珊瑚礁。目前，海岛旅游发展对海岛居民生活水平有较好的提升作用，但岛上居民人均收入仍有待提高。在海岛保护方面，需要加强环保基础设施建设，建立生态保护的标志设立、巡护等机制，控制好海岛的开发利用强度，推动实现可持续发展的美丽渔村。

参考文献

丰爱平，张志卫，2019. 海岛生态指数和发展指数评价指标体系设计与验证. 北京：海洋出版社.

福建省统计局，国家统计局福建调查总队，2019-02-28. 2018 年福建省国民经济和社会发展统计公报［EB/OL］［2021-12-08］http：//tjj. fujian. gov. cn/xxgk/tjgb/201902/t20190228_4774952. htm.

广东省统计局，2019-03-04. 2018 年广东国民经济和社会发展统计公报［EB/OL］［2021-12-08］http：//stats. gd. gov. cn/tjgb/content/post_2207563. html.

广西壮族自治区统计局，国家统计局广西调查总队，2019-03-27. 2018 年广西壮族自治区国民经济和社会发展统计公报［EB/OL］［2021-12-08］http：//www. gxzf. gov. cn/sytt/20190410-743047. shtml.

海南省统计局，国家统计局海南调查总队，2019-01-29. 2018 年海南省国民经济和社会发展统计公报［EB/OL］［2021-12-08］https：//www. hainan. gov. cn/hainan/tjgb/201901/3508453efdb443f3a4310be618b1a2d5. shtml.

河北省统计局，国家统计局河北调查总队，2019-02-28. 2018 年河北省国民经济和社会发展统计公报［EB/OL］［2021-12-08］http：//hbrb. hebnews. cn/pc/paper/c/201903/07/c125324. html.

江苏省统计局，国家统计局江苏调查总队，2019-03-25. 2018 年江苏省国民经济和社会发展统计公报［EB/OL］［2021-12-08］http：//www. jiangsu. gov. cn/art/2019/3/25/art_64797_8284235. html.

辽宁省统计局，国家统计局辽宁调查总队，2019-02-25. 2018 年辽宁省国民经济和社会发展统计公报［EB/OL］［2021-12-08］http：//tjj. ln. gov. cn/tjsj/tjgb/ndtjgb/201902/t20190225_3442773. html.

山东省统计局，国家统计局山东调查总队，2019-03-01. 2018 年山东省国民经济和社会发展统计公报［EB/OL］［2021-12-08］http：//tjj. shandong. gov. cn/art/2019/3/1/art_6196_4699827. html.

上海市统计局，2019-11-15. 2018 年上海市国民经济和社会发展统计公报［EB/OL］［2021-12-08］http：//tjj. sh. gov. cn/tjgb/20191115/0014-1003219. html.

生态环境部，2019. 2018 年中国海洋生态环境状况公报.

天津市统计局，国家统计局天津调查总队，2019-03-11. 2018 年天津市国民经济和社会发展统计公报［EB/OL］［2021-12-08］http：//www. tj. gov. cn/sq/tjgb/202005/t20200520_2468077. html.

浙江省统计局，国家统计局浙江调查总队，2019-02-28. 2018 年浙江省国民经济和社会发展统计公报［1］［EB/OL］［2021-12-08］http：//tjj. zj. gov. cn/art/2019/2/28/art_1229129205_519768. html.

《中国海岛志》编纂委员会，2013. 中国海岛志(福建卷第三册). 北京：海洋出版社.

《中国海岛志》编纂委员会，2013. 中国海岛志(广东卷第一册). 北京：海洋出版社.

《中国海岛志》编纂委员会，2013. 中国海岛志(广西卷). 北京：海洋出版社.

《中国海岛志》编纂委员会，2013. 中国海岛志(江苏、上海卷). 北京：海洋出版社.

《中国海岛志》编纂委员会，2013. 中国海岛志(辽宁卷第一册). 北京：海洋出版社.

《中国海岛志》编纂委员会，2013. 中国海岛志(山东卷第一册). 北京：海洋出版社.

《中国海岛志》编纂委员会，2013. 中国海岛志(浙江卷第一册). 北京：海洋出版社.

自然资源部，2019. 2018 年海岛统计调查公报.

参考文献